U0345558

珠江三角洲地区
生态系统服务综合研究

吴 卓 林媚珍 龚建周 等 著

内 容 简 介

本书以珠江三角洲、珠江西岸和中山市多个地理空间视角入手，运用多源地理数据和生态系统服务定量方法，分析了多空间尺度下生态系统服务的空间特征和演化规律，研究了生态系统服务的供需关系和权衡关系，探讨了城镇化过程对生态系统服务的综合影响，提出了生态安全格局构建体系和生态分区管理对策，试图揭示典型生态系统服务的变化特征及其对人类活动的响应机制。

本书内容丰富、观点创新，可为城市生态建设、国土空间规划、区域高质量发展等工作提供科学依据和参考资料。

图书在版编目（CIP）数据

珠江三角洲地区生态系统服务综合研究 / 吴卓等著. -- 北京 : 气象出版社, 2023.6
ISBN 978-7-5029-7955-3

Ⅰ. ①珠… Ⅱ. ①吴… Ⅲ. ①珠江三角洲—生态系—社会服务—研究 Ⅳ. ①Q147

中国国家版本馆CIP数据核字(2023)第065862号

珠江三角洲地区生态系统服务综合研究

Zhu Jiang Sanjiaozhou Diqu Shengtai Xitong Fuwu Zonghe Yanjiu

---

出版发行：气象出版社
地　　址：北京市海淀区中关村南大街 46 号　**邮政编码**：100081
电　　话：010-68407112(总编室)　010-68408042(发行部)
网　　址：http://www.qxcbs.com　**E-mail**：qxcbs@cma.gov.cn
责任编辑：王萃萃　**终　　审**：张　斌
责任校对：张硕杰　**责任技编**：赵相宁
封面设计：艺点设计
印　　刷：北京建宏印刷有限公司
开　　本：787 mm×1092 mm　1/16　**印　　张**：8.5
字　　数：217 千字
版　　次：2023 年 6 月第 1 版　**印　　次**：2023 年 6 月第 1 次印刷
定　　价：88.00 元

前　言

生态系统服务是指生态系统及生态过程所形成和维持的，人类赖以生存和发展必不可少的环境条件与效用，是人类社会发展的基础，直接关系到人类福祉。21 世纪以来，在联合国“千年生态系统评估”计划的推动下，生态系统服务研究在全球、区域、样点等多个空间尺度上获得了大量成果，经过 20 多年的发展，生态系统服务研究已经成为地理学、生态学以及环境科学等相关学科研究的前沿和热点。其研究成果也逐步应用到国土空间规划、土地资源管理及生态文明建设等实践体系当中，为解决区域生态破坏问题、构建生态安全格局提供了创新的技术方法和逻辑思路。然而，快速城镇化形成了人口密集、经济发达且受强烈人为干扰的多个经济体和城市群，成为我国经济与城市发展过程中最为显著的特征。以土地利用变化为核心的城镇扩张成为区域生态系统服务的重要驱动因素，造成了生态系统服务功能退化、生态效益与社会经济效益之间发生冲突等问题，直接威胁人类健康与安全，影响可持续发展目标的实现。

珠江三角洲地区是我国城镇化进程最快、经济活力最强的地区之一，在国家发展战略中具有重要地位。但快速城镇化也使得该区域经历了急剧的土地利用变化过程，尤其是耕地的大量减少和城镇建设用地的迅速扩张，不合理的土地资源利用导致生态环境问题日益突出，造成诸如土壤的形成与保持、气候调节、食物生产、水资源等生态系统服务的损失及自然灾害等。因此，开展珠江三角洲地区生态系统服务综合研究对全面认识该区域的生态系统服务特征、理解人类活动对生态系统服务影响的干扰过程、协调“生产—生活—生态”空间之间的权衡关系，对认识珠江三角洲地区生态系统服务的现状及趋势，促进区域环境与经济协调发展具有显著的现实意义。

本书以珠江三角洲全域、珠江西岸和中山市多个空间视角开展区域生态系统服务的综合研究。本书包括六章，第 1 章、第 2 章首先介绍了生态系统服务研究的背景、进展和研究区域的基本特征；第 3 章以珠江三角洲全域为对象开展了生态系统服务物质量评估、生态系统服务供给需求关系、生态系统服务权衡协同关系、生态安全格局构建和生态分区管理对策研究内容；第 4 章以珠江西岸为研究范围，针对水土保持服务开展时空特征评价研究；第5章以中山市为研究区域，开展生态系统服务价值量评估、生态风险评价、生态系统服务模拟与生态分区管理研究。第6章为结论与展望。本书针对不同的研究尺度，聚焦差异性科学问题并选择适当研究方法，试图揭示珠江三角洲地区典型性生态系统服务的变化特征及其对人类活动和环境扰动的响应与适应机制。

本书撰写过程中作者承担了国家自然科学基金面上项目“空间韧性视角下的森林生态系统多尺度响应与模拟研究——以珠三角国家森林城市群为例(42171089)”“珠江口西岸基塘系统格局演变及其生态系统服务流研究(41771097)”“粤港澳大湾区土地生态系统服务权衡的时空分异与优化研究(42071123)”，以及广东省林业科技计划重点项目“粤港澳大湾区森林生态修复效果智能评估研究(2020KJCX006)”。本书是以上基金项目成果的总结。

本书由吴卓、林媚珍、龚建周统稿，各章撰写分工如下：第1章，吴卓、林媚珍；第2章，林媚珍；第3章，周汝波、赵家敏、刘汉仪；第4章，龚建周、钟亮；第5章，冯荣光、葛志鹏、冯文彬；第6章，吴卓。

在撰写本书过程中，引用了国内外学者的研究成果，在此对这些学者的杰出工作致以崇高的敬意。本书力图反映生态系统服务研究的重要方法和最新成果，但鉴于相关问题复杂多样，加之部分数据欠缺，特别是由于作者学识、经验有限，书中可能会出现不妥之处，敬请读者批评、指正。

作者
2023年2月 于广州大学

目 录

第1章

绪 论

1.1 研究背景

生态系统服务是指生态系统形成和维持的人类赖以生存发展的环境条件与效用，是人类直接或间接从生态系统中得到的所有收益(Costanza et al.,1997;Daily,1997)。自然资源的过度开发对生态环境造成了不可逆转的负面影响，使得生态系统服务发生了显著的退化(Di Sabatino et al.,2013)。根据联合国千年生态系统评估报告(MA)可知，在过去的50年里，全球范围内已有63%的生态系统服务出现了严重衰减，而且各类生态系统服务在未来50年内仍会急剧下降(Millennium Ecosystem Assessment,2005)。如果能够对生态系统服务进行合理开发和保护，定能改善人类的生存环境，提高生活水平；相反，则会严重阻碍人类的正常活动，甚至带来毁灭性的灾难。因此，在"可持续发展"这一共同准则的指导下，生态系统服务的维护和保护已成为研究的前沿和热点(傅伯杰 等,2016)。

近年来，国内外学者对生态系统服务的概念与内涵、分类、评估方法等方面进行了较为深入的研究(陈能汪 等,2009)。其中，生态系统服务的定量评估、生态格局、生态风险研究是生态系统研究的重要组成部分，也是生态环境管理和决策的前提。因此，科学度量不仅能使管理者对生态系统服务有直观、准确的认识，还可将研究结果应用于多元化的管理决策中，故成为了学者们的研究重点内容之一(李敏,2016)。在生态系统服务评估中，主要以物质量和价值量评估两种方法为主(赵景柱 等,2000)。

生态系统服务的价值量评估具有绝对优势。例如，Costanza 等(1997)在土地覆被的基础上，将全球生态系统划分为15类生物群落，划分出17种主要生态系统服务类型，并在生态系统服务供给固定的假设下逐项估计了全球生态系统服务的价值；Jakobsson 等(1996)利用条件价值评估方法，评估了澳大利亚维多利亚州所有濒危物种的价值；Cardoso de Mendonça 等(2003)采用支付意愿，讨论了巴西金狮绢毛猴等3个物种的货币价值，并预测了每个物种未来的生存概率。在国内，谢高地等(2003)通过对我国生态学者的问卷调查结果进行分析，建立了中国陆地生态系统单位面积服务价值表，并于2008年重新修订，在一定程度上促进了我国生态服务评估工作；基于边际机会成本定价理论，国常宁等(2013)对森林生物多样性价值进行了评估；蔡中华等(2014)则运用2010年的数据重新计算了中国的生态系统服务，得出了生态系统服务增加了近一半的结论。国内外学者的研究成果极大地丰富和发展了生态系统服务价值评估工作。整体而言，首先，学者已从国土尺度到局地尺度转变，特别是流域和地理单元的研究有所增加，但在研究方法或者标准上，主要还是依赖国外的相关研究，国内在生态系统服务价值的计算方法和理论方面的研究还有待加强；其次，国内研究通常过分强调使用价值而忽略了非使用价值的研究计算，造成对生态系统服务价值研究过于片面，选取生态服务评价指标时较少考虑现实因素；最后，对生态系统服务价值空间异质性研究较少，难以体现研究结果的空间分布特征。

随着3S(GIS,GPS,RS)技术的发展，以遥感数据、社会经济数据和GIS技术为支撑的新兴生态系统服务评估模型，以物质量的方式对生态系统服务进行评估，在评价生态系统服务及其空间分布方面发挥着越来越重要的作用(黄从红 等,2013)。当前不同的生态系统服务评估模型主要有InVEST模型(Tallis et al.,2011)、ARIES模型(Villa et al.,2009)、SolVES模型(Sherrouse et al.,2015)、EcoMetrix模型(Bagstad et al.,2012)、ESValue模型(Nemec et al.,2013)等，各模型的优缺点如表1.1所示。与其他模型相比，InVEST模型在其空间分析功能、评估精度、适用性等方面具有更大的优势，故其在全球范围内的应用也最为广泛。如Goldstein等(2012)在2012年应用InVEST模型的水质净化模块，对美国夏威夷岛的水质净化服务进行评估，研究成果对于改善当地农业灌溉系统具有重要作用；通过模型及其情景预测功能，Nelson等(2009)研究了土地利用变化对美国俄勒冈州西南部威拉米特河流域生态系统服务的影响。国内对InVEST模型的应用研究起步较晚，但其应用区域和范围不断扩大，评估精度也不断提高。如陈龙等(2012)于2011年将模型应用到澜沧江流域，研究了该流域的水文状况；白杨等(2013)利用InVEST模型，对白洋淀流域的水源涵养、固碳、土壤保持等七种生态服务进行了详细评估和分析。可以看出，InVEST模型已被成功应用于世界上许多地区的生态规划、生态补偿、环境影响评价等多个方面，具有广泛的应用空间和前景。但是InVEST模型应用研究多趋于大尺度，如区域、地区乃至全球尺度，中小尺度范围内生态系统的评价工作还有待完善。

表1.1 不同生态系统服务评估模型对比

模型	类型	可获得性	适宜尺度	优点	不足
InVEST	生产功能	公开	景观到流域	空间制图直观、关注自然资产与人类利益之间的关系、几乎涵盖了所有生态服务	所需数据较多、数据获取难度大、对不同景观要素的空间关系处理过于简化
ARIES	收益转移	公开	景观到流域	评估精度较高、可对“源”“汇”“使用者”的空间位置和数量进行制图	只适用于其研究案例覆盖区域，应用范围较小
ESValue	优先级	私有	站点级到景观	利于比较现实产出和预期产出之间的关系、强调社会偏好	可获得性差
EcoMetrix	价值转移	私有	站点级	实用性较强，可帮助政府部门设计和实施生态系统服务保护项目	适用尺度较小
SolVES	优先级	公开	景观	适用性广、适用于美学、休闲等生态系统服务社会价值的评估和量化	在新的地区应用时，需要花费较多时间进行调查

珠江三角洲(简称“珠三角”)作为珠江入海口，生态系统类型复杂多样，是典型的城市化地区、农产品主产区、生态功能区三大空间格局的综合体(刘贵利 等,2021)。但由于快速城市化

扩张和人口聚集，区域内资源与环境压力日益加重。伴随着“粤港澳大湾区建设”“乡村振兴”“林田湖草综合治理”“碳中和、碳达峰”等一系列概念的提出，各地“十四五”规划和“2035年远景目标”相继出台，广东省的发展任务和理念也变得明确——“既要金山银山又要绿水青山，绿水青山也是金山银山”。因此在政策指导下，如何运用科学手段对“绿水青山”进行价值评估，如何判断影响生态系统服务间关系的驱动因素，以科学决策优化生态系统空间格局，使之更好地服务于人类经济社会发展，促进人与自然和谐共生成为当务之急。

1.2 研究进展

1.2.1 生态系统服务的理论基础

“生态系统服务”一词最初源于1970年“关键环境问题研究(Study of Critical Environmental Problem，SCEP)”报告(Whittaker et al.，1973)中提出的“环境服务”这一概念，首次提出生态系统能为人类提供“服务”的观点，并具体列举了针对不同类型的多种生态系统服务功能，如淡水资源供给、气候调节和昆虫传粉等服务，生态系统服务研究由此拉开序幕。随后的一段时间，生态系统服务不断被丰富和发展，逐渐得到了学术界的认可并被国内外学者广泛使用和不断丰富至今(马琳 等，2017)。近年来，随着生态系统服务研究成为热点，在国内外出现了生态系统服务评估研究的热潮并取得了丰硕的成果(谢高地 等，2001；严岩 等，2017)。

生态系统服务评估研究，在国内外从全国、区域、流域和栅格尺度等多研究尺度进行评估，同时根据不同服务的功能和应用不同，主要集中在从单个生态系统服务评估、若干项生态系统服务综合评估、整体生态系统服务评估、物种和生物多样性保护价值评估等研究内容和角度开展，目前的评估指标体系和方法已相对成熟(赵军 等，2007)。在评估方法上，国内外众多专家学者采用价值量化法和物质量化法这两大类型方法定性定量评估各种生态系统服务(严岩 等，2017；郭朝琼 等，2020)。早期，价值量化评估法由于适合范围较广且容易操作占绝对优势(谢高地 等，2001)，具体来说，常见的价值量化评估方法可以分为基于单位面积价值当量因子的测算方法和市场价值转化法两种(戴尔阜 等，2016)。如Costanza等(1997)基于单位面积价值当量因子的测算方法，根据土地覆被把全球生态系统划分为15类生物群落，把生态系统的服务功能划分为17种主要类型，假定生态服务持续固定供给，而全球生态系统各项服务功能的价值则由各项主要类型具体估算后再加总得出。随后，这种方法被不同国家的学者广泛接受、改良和应用，如我国谢高地等(2001)在Costanza等的研究基础上，先是重新建立了适合中国的陆地生态系统单位面积服务价值表，并在此基础上不断修订和完善价值当量表，在国内得到了众多学者的研究、认可并运用，促使了我国生态服务评估工作在一定程度上的发展。另一种是市场价值转化法(赵景柱 等，2000)，通常以流通货币的形式将生态系统服务的价值定量化评价，因此其受当时经济发展和货币价值等方面的影响较大，并且转化所需的数据较多且不同时期的变化波动较大，在长时间序列的评估研究中较难把握，因此后续发展速度较慢。20世纪90年代起，物质量化法在很长一段时间内发挥着越来越重要的作用(赵景柱 等，2000；郭朝琼 等，2020)，主要得益于3S技术的迅速发展和成熟，越来越多的生态系统综合评估模型和方法出现，其结合了多源数据和GIS技术，使得生态系统服务评估由定性向定量转变，更有利于长时间序列和多研究尺度的评估研究。具体来说,在物质量化方法采用能值分析法和生态模型法两种方法,其中能值分析法更多地运用在农业生态系统的研究上,对于其他服务而言较难评估;而生态模型法(Palomo et al. ,2013)主要以 GIS 技术和多源数据为支撑,通过运行生态系统评估模型来对生态系统提供服务的数量和质量进行评价,当前常见的生态系统服务评估模型主要有 InVEST 模型、ARIES 模型、SolVES 模型、EcoMetrix 模型等(郭朝琼 等,2020;Wang et al. ,2019)。其中,InVEST 模型是目前较为成熟且全球范围内广泛运用的生态系统服务综合评估模型(Wang et al. ,2019),由美国斯坦福大学、世界自然基金会(World Wildlife Fund,WWF)和大自然保护协会(The Nature Conservancy,TNC)共同开发,具有可评估的服务类型多样、空间可视化能力强、所需数据不多、数据可得性较好、投入成本低等多重优势(傅伯杰 等,2014;谢余初 等,2018)。对比于国外,国内 InVEST 模型的应用研究虽起步较晚,但自 2010 年被引入国内以来,InVEST 模型在山区、流域、城市等区域已经运用得较好且成果丰硕,研究范围不断扩大,评估精度也不断提升。因此,采用该模型对生态系统服务进行评估有一定的适用性与合理性。

1.2.2 InVEST 模型的应用

InVEST 模型是由美国斯坦福大学、世界自然基金(WWF)和大自然保护协会(TNC)联合开发的免费开放的生态系统服务综合评估模型,能快速定量化空间化显示各项生态系统服务功能,为相关部门管理自然资源提供决策依据。近年来,国内外相关学者利用 InVEST 模型评估生态系统服务开展了大量研究。

如美国斯坦福大学的 Nelson 等(2009)利用模型及其情景预测功能,就美国俄勒冈州西南部威拉米特河流域的土地利用变化对生态系统服务所产生的影响进行了深入研究;Goldstein 等(2012)应用 InVEST 模型的水质净化模块对夏威夷岛的水质净化服务功能进行评估,并将研究成果应用到当地农业灌溉系统的改善上;Bagstad 等(2013)对比分析了 ARIES 和 InVEST 模型在圣佩德罗河的生态系统服务时空差异。Fisher 等(2011)在坦桑尼亚的森林生态系统,基于 InVEST 模型的情景预测功能,详细模拟评估和预测了该区域的木材生产、生物多样性等多种生态系统服务的空间变化情况,并建立了一种明确的测量、模拟的评估标准,明确了生态保护与人类利益的相互关系。国内欧阳志云等(2014)在“全国生态环境十年变化(2000—2010 年)遥感调查与评估”项目中应用了 InVEST 模型;张文华(2016)用 InVEST 模型对锡林郭勒草原的生物多样性和碳储存能力进行研究;王蓓等(2016)利用 InVEST 模型估算黑河流域 6 项生态服务,并计算出各项服务的冷热点分布格局、空间分异特征以及综合服务热点区域;张斯屿等(2014)采用水源涵养模块、土壤保持模块和碳存储模块对典型喀斯特地区晴隆县进行了生态系统服务评估并分析了其空间异质性;党虹(2018)利用 InVEST 模型的土壤保持、碳储存和作物产量模块对称钩河流域的生态系统服务功能进行综合评价和分级;刘洋等(2021)基于 InVEST 模型碳储存模块对疏勒河流域碳储存时空变化进行了研究。可见,InVEST 模型在生态系统服务评估方面应用广泛,在国内也具有较强的适用性。

第2章

研究区域

2.1 地理位置

珠江三角洲(图 2.1)大部分地区在北回归线以南,属亚热带海洋季风气候,雨量充沛,热量充足,雨热同季,多年平均降雨量高达 1800 mm,平均气温为 21.4～22.4 ℃,日照时间长达 2000 h。海拔均在 200 m 以下,地势低平,分布有多汊道的良好水网,珠三角境优越的自然地理环境也孕育出独特的基塘系统(龚建周 等,2020)。

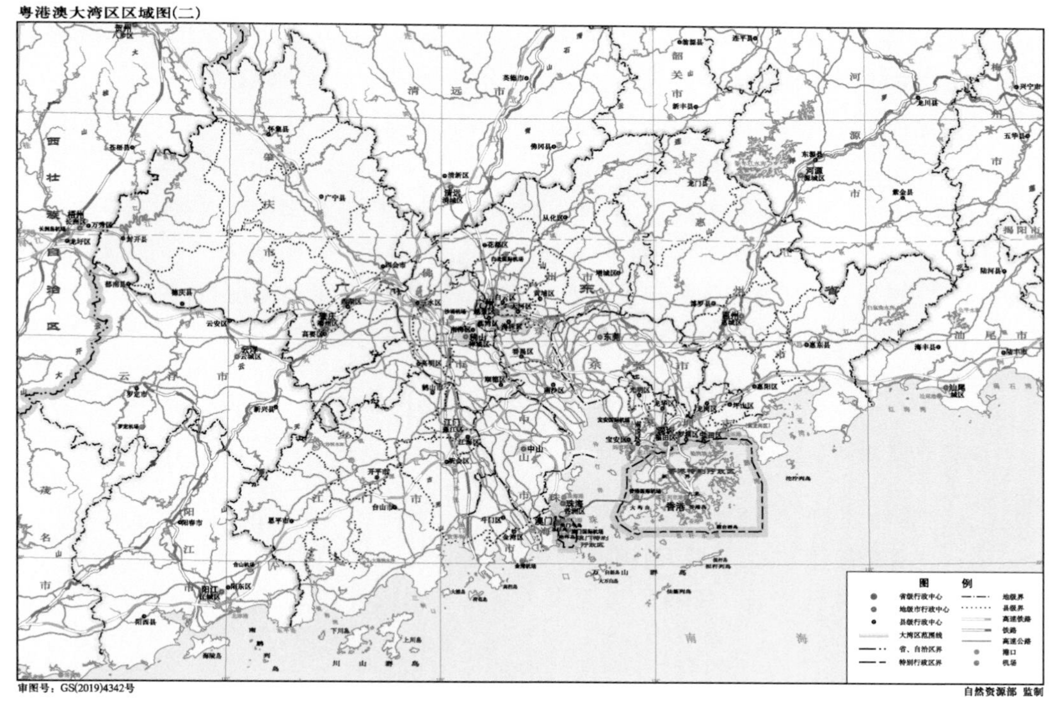

图 2.1　珠江三角洲地区地图

珠江三角洲是广东省东江、西江和北江汇合而形成的一个冲积大平原(钟功甫,1958;钟功甫 等,1987)。由于对珠江三角洲范围的认识不同,其面积大小有显著的差异性,有从约 6000 km^2、9961 km^2、11300 km^2、13512 km^2 狭义的珠三角,至 35700 km^2、41000 km^2 等大珠三角

(张仲英 等,1983),再到2003年国家提出包括福建、江西、湖南、广东、广西、海南、四川、贵州、云南共9省(自治区)和香港、澳门2个特别行政区的泛珠三角概念。

在不考虑不同阶段行政区划对边界的小调整基础上,按照目前的行政区划方案,小珠三角基本覆盖广州(不包括现在的花都区、从化区)、佛山(不包括三水区)、深圳(不包括罗湖区)、江门(不包括蓬江区、江海区)、中山和东莞共6个市域范围,面积约24035 km^2,略超出钟功甫等(1987)确定的22876 km^2,这就是通常所说的珠江三角洲。而当代人惯用的“珠三角”或“珠三角经济区”,则包括上述6个市的全市域范围以及珠海、惠州、肇庆共9市(大珠三角),面积已达54025 km^2。

2.2 自然地理特征

2.2.1 地形地貌特征

珠三角位于广东省中南部、珠江下游,濒临南海,112°45′—113°50′E、21°31′—23°10′N,是由珠江水系的西江、北江、东江及其支流潭江、绥江、增江带来的泥沙在珠江口河口湾内堆积而成的复合型三角洲,内有1/5的面积为星罗棋布的丘陵、台地和残丘。西部、北部和东部则是丘陵山地环绕,形成天然屏障。南部海岸线长达1059 km,岛屿众多,珠江分八大口出海,形成相对闭合的“三面环山、一面临海,三江汇合、八口分流”的独特地形地貌。

2.2.2 气候特征

珠三角大部分位于北回归线以南,地处南亚热带,属亚热带海洋季风气候,雨量充沛,热量充足,雨热同季。年日照为2000 h,四季分布比较均匀。年平均气温21.4～22.4℃,其中封开、德庆、广宁、怀集、鹤山、惠东、博罗平均温度较低,深圳、珠海平均温度较高。年平均降雨量1600～2300 mm,受季风气候影响,降雨量集中在4—9月。冬季盛行偏北风,天气干燥。夏季盛行西南和东南风,高温多雨。

2.2.3 水文特征

珠三角位于西江、北江、东江下游,包括西江、北江、东江和三角洲诸河4大水系,流域面积45万 km^2。河网区面积9750 km^2,河网密度0.8 km/km^2,主要河道有100多条、长度约1700 km,水道纵横交错,相互贯通。密集的河网带来丰富的水资源,水资源总量3742亿 m^3,承接西江、北江、东江的过境水量合计为2941亿 m^3。三角洲流经虎门、蕉门、洪奇门、横门、磨刀门、鸡鸣门、虎跳门和崖口八大口门,注入南中国海(广东省人民政府办公厅,2014)。

2.2.4 自然资源

珠三角动植物资源比较丰富。据初步调查,东南部以象头山国家级自然保护区为代表,有维管植物(未包括苔藓植物)1647种,陆生脊椎野生动物305种。西部以北峰山国家森林公园为代表,维管植物种类约1184种。北部以鼎湖山国家级自然保护区为代表,有维管植物1993

种，兽类 38 种、爬行类 20 种、鸟类 178 种、蝶类 85 种、昆虫 681 种。

珠三角海岸带长达 1479 km，约占广东省海岸线的 36%。拥有海岛 433 个，面积在 500 m^2 以上海岛 381 个。全区具有优良的港口、渔业、油气、海洋能和水资源以及沿岸海水、沙滩等旅游资源。珠江口是国家一级保护动物——中华白海豚、中华鲟的主要分布区和国家二级保护动物黄唇鱼的产卵场，磨刀门水道是鲥鱼、鳗鱼、花鳗鲡和中华鲟等的主要洄游通道。同时该区是重要鸟类分布区，包括广州新造，深圳福田，珠海淇澳，佛山三水，江门新会、台山和恩平沿海及出海河口位于国际候鸟迁徙路线上（广东省人民政府办公厅，2014）。

2.3 社会经济概况

珠江三角洲作为改革开放的最前沿，毗邻港澳特别行政区，其经济发达程度不容小觑。截至 2021 年，珠三角城市群拥有广州、深圳、东莞、佛山四大万亿元 GDP（国内生产总值）城市，珠三角九市 GDP 总量合计破 10 万亿元大关。人口方面，第七次全国人口普查中，珠三角九市常住人口数量为 7800 多万，占广东省人口的 62%，人才向珠三角地区集聚，劳动年龄人口居全国首位。庞大的劳动人口也是推动珠三角经济增长的重要动力之一。同时，在推进大湾区建设中，以珠三角九市为基础，加上香港、澳门特别行政区构建粤港澳大湾区，将建成充满活力的世界级城市群、国际科技创新中心、“一带一路”建设的重要支撑、内地与港澳深度合作示范区，还要打造成宜居、宜业、宜游的优质生活圈，成为高质量发展的典范。

此外，珠江三角洲地区是世界知名的加工制造和出口基地，是世界产业转移的首选地区之一，初步形成了以电子信息、家电等为主的企业群和产业群。珠三角聚集了广东省重要科技资源，是全省高新技术产业的主要研发基地，是中国规模最大的高新技术产业带，是国内乃至国际重要的高新技术产业生产基地。

2.4 土地利用变化情况

土地利用变化是当前全球变化研究的热点和前沿问题，了解土地利用变化和土地利用管理驱动下的生态系统服务变化对区域经济和生态可持续发展具有重要意义（Zhou et al.，2019），它是导致生态系统类型转变和景观格局变化的重要因素。本研究将以土地利用变化为基础，探讨珠江三角洲近 40 年来的生态系统服务变化、相关机理及提出部分措施。

通过图 2.2 可以发现，近 40 年来珠三角林地和耕地都是其最主要的土地利用类型，其次是建设用地。林地大部分分布于珠三角的西部、西北部和东部地区（主要分布于广州、惠州、江门、肇庆四市）；耕地多分布在珠三角的中部、西南部和东部地区（主要分布于广州、惠州、江门、肇庆四市）；建设用地多集中分布于珠三角城镇化水平较高的中部地区，如广州—佛山、东莞—深圳等地且该土地利用类型规模处于持续增长阶段。建设用地等土地开发的扩张等人类活动愈发强烈，珠江三角洲生态系统服务在空间上受到不同程度的影响，本节将以此为基础开展研究。

通过研究珠江三角洲地区 1995 年、2000 年、2005 年、2010 年和 2018 年 5 期土地利用情

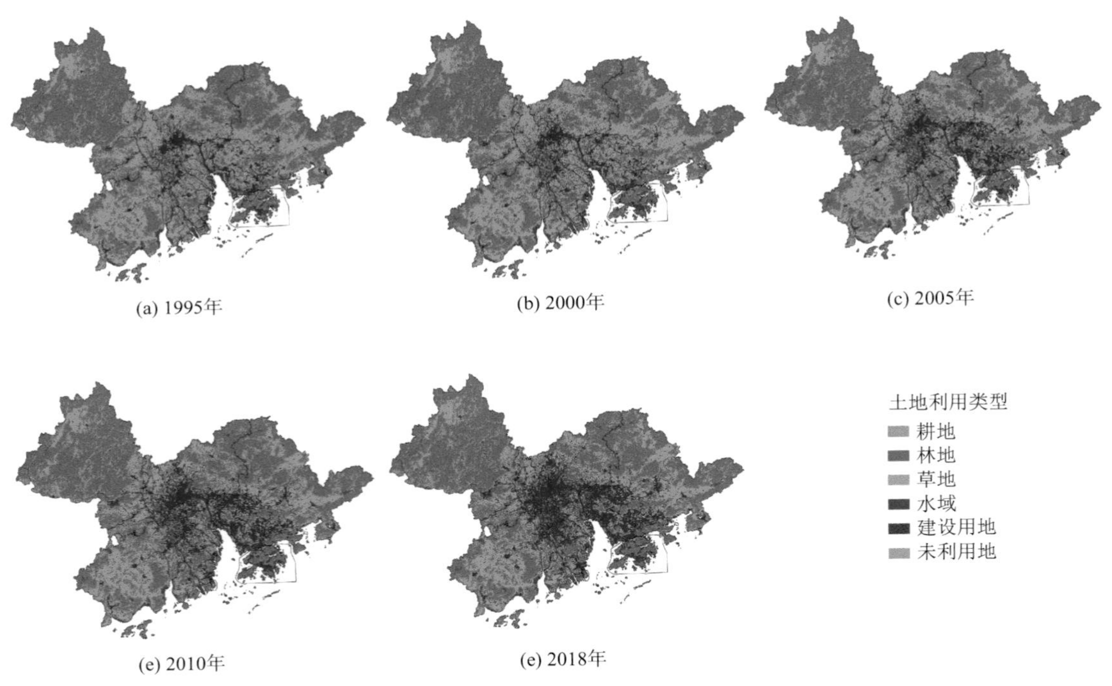

图 2.2　1995—2018 年珠江三角洲土地利用图

况可知(表 2.1),在 1995—2005 年间,耕地面积减少最多,减少了 1148.13 km²,降幅为 4.91%,林地、草地、水域分别减少了 339.30 km²、793.98 km²、112.14 km²;而面积增加最多的建设用地,在 10 年间共增加了 2397.24 km²,增幅达 95.56%。而在 2005—2018 年间,耕地、草地、水域、未利用地的面积不断减少,其中减少最多的是耕地,为 1951.92 km²;受到相关政策的影响,林地在近 13 年间有略微增加,增幅为 0.06%;而建设用地则出现不断增长态势,共增加了 2621.52 km²,增幅为 53.43%。总的来说,在 1995—2018 年近 23 年间,珠江三角洲地区各用地类型变化明显,主要表现为耕地、林地、草地、水域、未利用土地减少,建设用地增加。23 年间减少最多的是耕地和草地,分别减少了 3100.05 km² 和 1275.66 km²;而建设用地共增加了 5018.76 km²,增幅达 200.06%。

表 2.1　珠江三角洲地区 1995—2018 年土地利用面积及比例

年份/地类		耕地	林地	草地	水域	建设用地	未利用地
1995 年	面积/km²	23379.48	26076.42	1843.74	3873.42	2508.57	7.38
	占比/%	40.53	45.20	3.20	6.71	4.35	0.01
2000 年	面积/km²	23350.5	26013.24	1632.87	3816.00	2987.64	6.48
	占比/%	40.39	45.00	2.82	6.60	5.17	0.01
2005 年	面积/km²	22231.35	25737.12	1049.76	3761.28	4905.81	3.69
	占比/%	38.54	44.61	1.82	6.52	8.50%	0.01
2010 年	面积/km²	21444.03	25645.68	801.63	3530.07	6074.46	2.61
	占比/%	37.29	44.60	1.39	6.14	10.56	0.00
2018 年	面积/km²	20279.43	25916.04	568.08	3514.77	7527.33	1.08
	占比/%	35.08	44.83	0.98	6.08	13.02	0.00

从土地利用类型变化情况中可看出，珠江三角洲地区中的林地面积在逐步增加，且耕地面积的减少幅度不断降低，建设用地增加速度减缓。从此可看出，珠江三角洲地区各市/行政区政府在土地利用规划的制定中，与《粤港澳大湾区发展规划纲要》中所强调的保护重要生态系统、修复重大工程、构建生态廊道、保护生物多样性网络的重要性相契合，对于区域内生态用地以及基本农田进行严格把控，控制建设用地的增长，保护珠江三角洲地区的生态安全。

1995—2018 年，土地利用类型的相互转化主要发生在草地、耕地、建设用地、林地与水域之间(图 2.3)。在珠江三角洲地区近 23 年内，由于人口的较快增长与经济转型的需要，各种土地利用类型纷纷转向建设用地。其中转换面积最大的是耕地，共有 3466.89 km^2 的耕地转向建设用地，其次是草地转向建设用地，以满足由人口膨胀所带来的居住用地与生活用地需要。这种土地利用面积的转移主要发生在佛山市、中山市和珠海市。同时，受到相关政策的影响，如 2006 年《广东省环境保护规划》出台、划定了珠三角西部丘陵水土保持与生态农业生态亚区、中珠(澳)珠江西岸都市生态亚区等生态功能区，使区域内有 3337.38 km^2 的林地和 712.62 km^2 的水域向耕地转移，也有 3379.05 km^2 的耕地、411.03 km^2 的水域向林地转移，以期能实现经济增长与环境保护良性发展的格局，实现建设绿色广东的目标。

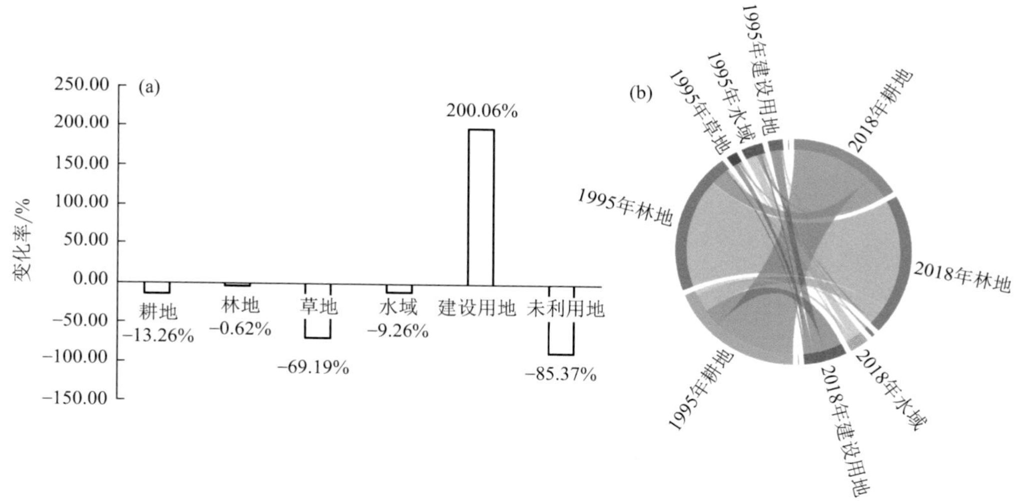

图 2.3　珠江三角洲 1995—2018 年土地利用变化率(a)与转移弦图(b)

第3章

珠江三角洲地区生态系统服务综合评估

3.1 珠三角关键生态系统服务评估

3.1.1 固碳服务

(1)研究方法与数据处理

植被净初级生产力(Net Primary Productivity,NPP)是绿色植物在单位面积、单位时间内所累积的有机物数量。NPP不仅直接反映了植被群落在自然环境条件下的生产能力,而且是判定陆地生态系统碳源和调节生态过程的敏感性指示因子。因此,采用朱文泉等(2007)改进的CASA模型计算珠江三角洲地区的固碳服务。CASA模型通过光和有效辐射(APAR)和实际光能利用率$\varepsilon(x,t)$的乘积来表示植被初级生产力的变化,计算公式如下:

$$N_{\mathrm{NPP}}=R_{\mathrm{APAR}}(x,t)\times\varepsilon(x,t) \tag{3.1}$$

$$R_{\mathrm{APAR}}(x,t)=R_{\mathrm{PAR}}(x,t)\times R_{\mathrm{FPAR}}(x,t) \tag{3.2}$$

式中,N_{NPP}为植被净初级生产力,$R_{\mathrm{APAR}}(x,t)$表示在t月份内x像元吸收的光合有效辐射($\mathrm{MJ/m^2}$);$\varepsilon(x,t)$代表其对应的实际光能利用率(g/MJ);$R_{\mathrm{PAR}}(x,t)$是光合有效辐射总量($\mathrm{MJ/m^2}$);$R_{\mathrm{FPAR}}(x,t)$指的是植被对入射的光合有效辐射PAR的吸收比例。根据模型要求,CASA模型所需的数据来源及处理如表3.1所示。

表3.1 CASA模型数据来源及处理

所需数据	来源	处理
土地利用栅格数据(Landuse)	欧洲航天局(ESA)的全球陆地覆盖数据集(https://www.esa－landcover－cci.org/),空间精度为300 m×300 m	根据研究需要将土地利用类型划分为耕地、林地、草地、水域、建设用地和未利用地6类
NDVI时间序列数据	来源于资源环境数据云平台(http://www.resdc.cn/DOI)	裁剪
年最适温度	一般为7月或8月的平均气温,数据来自中国气象数据网《中国地面气候资料年值数据集》(http://data.cma.cn/)	克里金插值所得
月平均温度	来自中国气象数据网《中国地面气候资料年值数据集》(http://data.cma.cn/)	克里金插值所得
月总降水量	来自中国气象数据网《中国地面气候资料年值数据集》(http://data.cma.cn/)	克里金插值所得
月太阳总辐射	来自中国气象数据网《中国地面气候资料年值数据集》(http://data.cma.cn/)	克里金插值所得

(2)固碳服务时空变化

由表 3.2 可知,耕地和草地的 NPP 均值低于其他研究的估算值,主要原因在于:相比于整个广东省而言,本节的研究区尺度较小,而且该区(除香港、澳门)的 NPP 主要贡献者耕地和草地的面积仅占整个广东省的耕地和草地面积的 29.11%和 13.89%。因此,这两种用地类型的 NPP 均值小于其他研究;同时,本节所选用的土地利用数据、NDVI 数据等与其他研究有差别,数据的空间分辨率、植被类型划分标准等均会对研究结果造成影响和误差。综上所述,由于模型模拟是对复杂生物生态过程的简化,而且不同学者采用的模拟数据和参数不甚相同,所以模拟结果存在差异是必然的,但本节模拟评估的生态系统服务结果在可接受的变动范围内,说明了 CASA 模型对珠江三角洲地区 NPP 的估算具有较高的准确性和一定的参考价值。

表 3.2　模拟的不同植被类型 NPP 均值与其他研究模拟对比[g/(m^2 · a)]

植被类型	本节模拟	广东省			中国	
		姜春等(2016)	蔡睿等(2009)	罗艳等(2009)	朱文泉等(2007)	朴世龙等(2001)
耕地	398.80	534.74	530.55	575.41	426.50	216.00
林地	629.31	833.06	666.27	763.00	985.80	525.00
草地	366.22	524.25	605.45	617.31	226.20	—

在空间上,珠江三角洲地区固碳服务的高值区位于西北部的肇庆市、西南部的江门市、东部的惠州市和南部的香港,主要是由于该地区的林地和耕地面积大,植被覆盖率高,生物多样性丰富,故具有较强的固碳能力;而固碳服务低值区则分布于珠江三角洲地区的中部,如中山市、东莞市、深圳市等地,主要是因为该地区城镇化发展较快,大量而密集的建设用地成为优势景观,且人类活动干扰较强,故固碳能力处于较低水平。由于城镇化建设的加快,大量的耕地、草地、林地转移到建设用地,使得固碳服务减少的地区分布在珠江三角洲地区的中部,如东莞、中山、深圳等地(图 3.1)。在时间上,珠江三角洲地区 1995—2018 年 5 期固碳量分别为 2.91×10^8 g/m^2、2.92×10^8 g/m^2、2.89×10^8 g/m^2、2.87×10^8 g/m^2 和 2.86×10^8 g/m^2。1995—2000 年间珠江三角洲地区的固碳量有所上升,增加了 8.63×10^5 g/m^2;2000—2010 年近 10 年间珠江三角洲地区的固碳量呈现下降趋势,共下降了 4.40×10^6 g/m^2,降幅为 1.50%;而 2010—2015 年间固碳量又出现小幅度的上升,增加了 4.90×10^5 g/m^2,这主要是因为生态保护规划政策的原因,使得 2010—2015 年间珠江三角洲地区的林地面积有所增加(95.94 km^2)。但在 1995—2018 年间,珠江三角洲地区的固碳量仍呈下降趋势(图 3.2a)。在不同土地利用类型上,林地和耕地是珠江三角洲地区固碳服务的主要贡献者(图 3.2b)。林地在 5 期中固碳服务占比均在 62%以上,所有地类中最多的。而耕地在近 23 年间固碳占比也保持在 32%以上,但却出现持续下降的趋势,由 1995 年的 34.61%下降到 2018 年的 32.55%,这主要是耕地面积不断减少所导致。

总体来说,珠江三角洲地区的固碳服务在空间分布中具有东西部高、中部低的特点(图 3.1);受土地利用变化的影响,固碳服务在不同时期增减不一,但总体呈下降趋势;林地是珠江三角洲地区中固碳服务占比最多的地类且在近 23 年间保持稳定,耕地也是固碳服务的主要贡献者但占比持续下降。

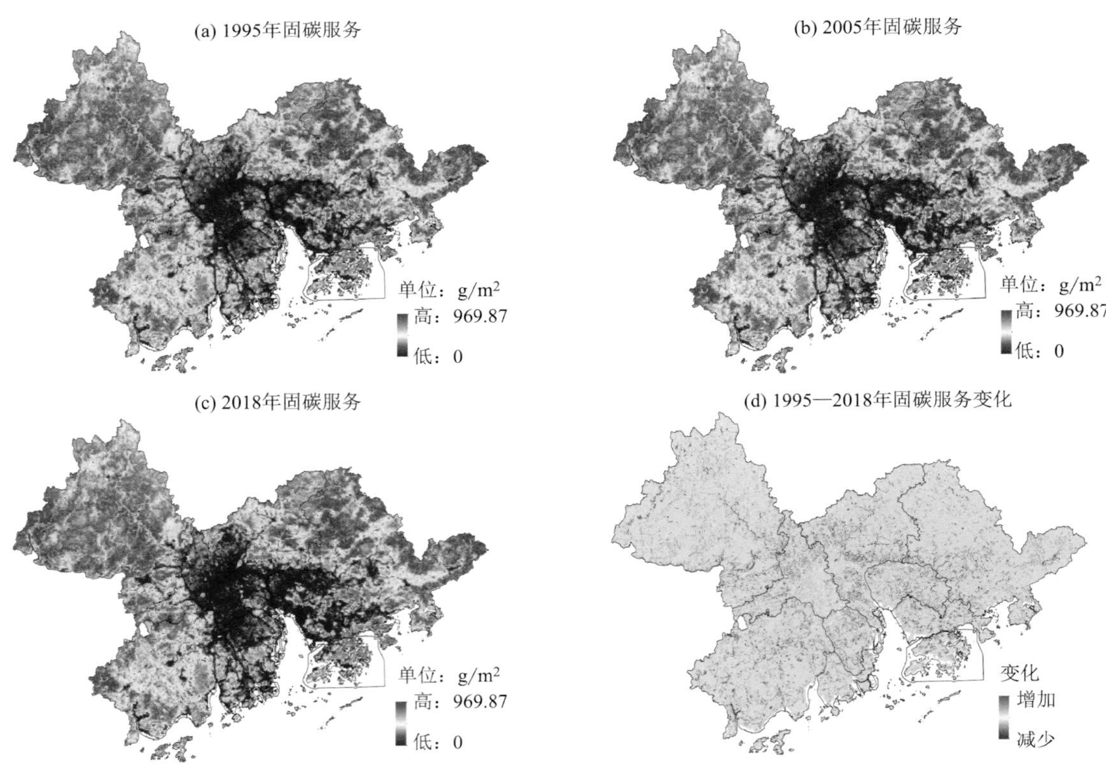

图 3.1 珠江三角洲地区固碳服务图

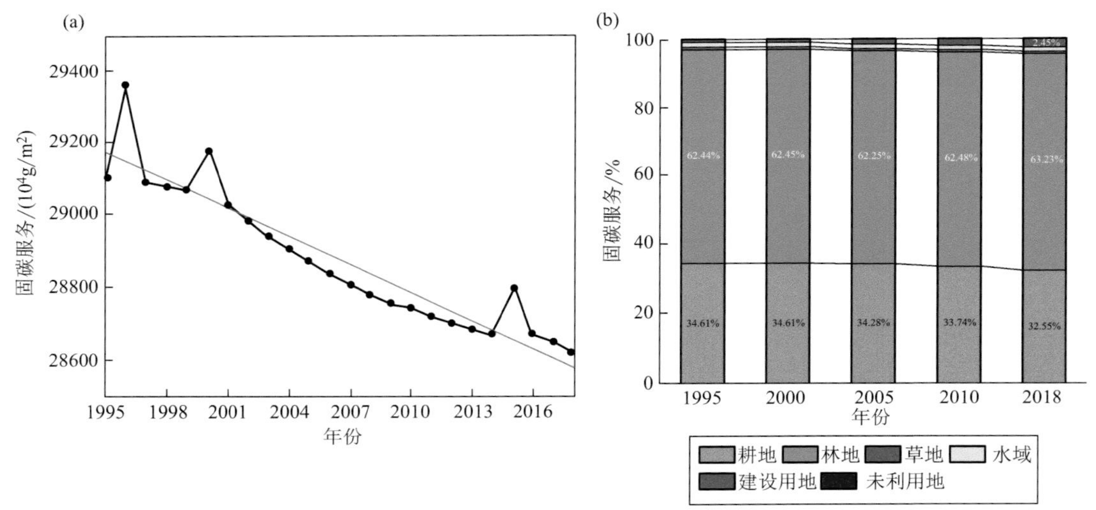

图 3.2 珠江三角洲地区固碳服务变化统计

3.1.2 产水服务

(1)研究方法与数据处理

InVEST 模型中产水模块的原理是基于 Budyko 水热耦合平衡原理和年平均降水量数据，

同时考虑气候、植被、土壤等因素，从而以栅格为单元定量评估不同景观组分的产水能力。计算公式如下：

$$Y_{xj}=\left(1-\frac{A_{ETxj}}{P_x}\right)\times P_x \tag{3.3}$$

式中，Y_{xj} 为栅格单元 x 土地利用类型为 j 的年产水服务(mm)；A_{ETxj} 为栅格单元 x 土地利用类型为 j 的年实际蒸散量(mm)；P_x 为栅格单元 x 的年降水量(mm)。

$$\frac{A_{ETxj}}{P_x}=\frac{1+\overline{\omega}_x R_{xj}}{1+\overline{\omega}_x R_{xj}+\frac{1}{R_{xj}}} \tag{3.4}$$

$$R_{xj}=\frac{k_{xj}\times ET_0}{P_x} \tag{3.5}$$

$$\overline{\omega}_x=Z\frac{A_{WCx}}{P_x} \tag{3.6}$$

$$A_{WCx}=\min(d_{\text{Max Soil Depth}x},d_{\text{Root Depth}x})\times P_{\Lambda WCx} \tag{3.7}$$

式中，R_{xj} 是 j 中景观上栅格 x 处的干燥度指数，表示潜在蒸散量 ET_0 与降水量 P_x 的比值；k_{xj} 是植被的蒸散系数；$\overline{\omega}_x$ 用于描述自然气候—土壤属性的非物理参数，无量纲；Z 为季节性因子 Zhang 系数，其值域为 1～10，A_{WCx} 为植物可利用的体积含水量(mm)；$d_{\text{Max Soil Depth}x}$ 为最大土壤深度；$d_{\text{Root Depth}x}$ 为根系深度；$P_{\Lambda WCx}$ 为植物可利用水。根据模型要求，产水服务模型所需的数据来源及处理如表 3.3 所示。

表 3.3 产水服务数据来源及处理

所需数据	来源	处理
土地利用栅格数据(Landuse)	欧洲航天局(ESA)的全球陆地覆盖数据集(https://www.esa-landcover-cci.org/)，空间精度为 300 m×300 m	根据研究需要将土地利用类型划分为耕地、林地、草地、水域、建设用地和未利用地 6 类
年降水量(P)	中国气象数据网《中国地面气候资料年值数据集》(http://data.cma.cn/)	根据研究区实际情况使用克里金空间插值方法得到珠江三角洲地区年降水量
潜在蒸散量(ET_0)	气温数据来自中国气象数据网《中国地面气候资料年值数据集》(http://data.cma.cn/)	Modified-Hargreaves 公式计算珠江三角洲地区及其周边气象站 1995—2015 年的平均潜在蒸散量
土壤深度(Soil depth)	来源于 FAO 基于世界土壤数据库(HWSD)中国土壤数据集(1∶100 万)	裁剪
根系深度(Root depth)	参考已有研究成果	
植物可利用水(PAWC)	来源于 FAO 基于世界土壤数据库(HWSD)中国土壤数据集(1∶100 万)	采用非线性拟合土壤 AWC 估算模型计算得到栅格数据
流域(Watersheds) 子流域(Sub_Watershed)	以市域为标准建立	

本节将 InVEST 模型产水模块的模拟结果与 2005 年、2010 年和 2018 年的《广东省水资

源公报》(广东省水利厅，2006，2011，2019)中公布的珠江三角洲数据进行对比。结果显示，珠江三角洲地区2005年、2010年、2018年3期的产水模数分别为101.76万m^3/km^2、110.69万m^3/km^2、109.34万m^3/km^2，与2005年、2010年和2018年的《广东省水资源公报》(广东省水利厅，2006，2011，2019)中公布的珠江三角洲3期产水模数98.41万m^3/km^2、112.56万m^3/km^2、107.30万m^3/km^2相比，两者的相对误差分别为3.40%、1.66%、1.86%，说明InVEST模型对珠江三角洲地区产水服务的模拟可靠。

(2)产水服务时空变化

由图3.3可知，珠江三角洲地区的产水服务的空间分布格局主要为中部高、东西部低，并且高值由中部逐渐向外扩张，与降水量的空间分布基本一致。高值区主要分布在建设用地，平均产水服务达1388.35 mm，这是由于建设用地中不透水表面面积占比较高，地表蒸散量低，使得降水入渗减少所造成；而珠江三角洲地区中的林地覆盖率高，但包括常绿阔叶林在内的林地具有较强的水分蒸散能力，因此产水服务较低，平均产水服务仅为1159.49 mm。在时间上，珠江三角洲地区1995—2005年产水服务增加了6.99×10^8 m^3，增幅为1.23%；2005—2018年产水服务增加了4.26×10^9 m^3，增幅达6.94%；而1995—2018年间，珠江三角洲地区的产水服务增加了4.96×10^9 m^3，增幅达8.08%，可见珠江三角洲地区产水服务在近23年间呈现出明显的增加趋势(图3.4a)。在空间上，珠江三角洲地区产水服务增加的区域主要发生在中部地区，减少情况主要发生在肇庆市的南部、江门市的南部和珠海市。在不同土地利用类型上，林地和耕地在珠江三角洲地区的产水服务上发挥着主要作用。林地在1995年、2005年、2018年3期的产水服务分别为2.84×10^8 m^3、2.81×10^8 m^3、3.06×10^8 m^3，受到林地面积

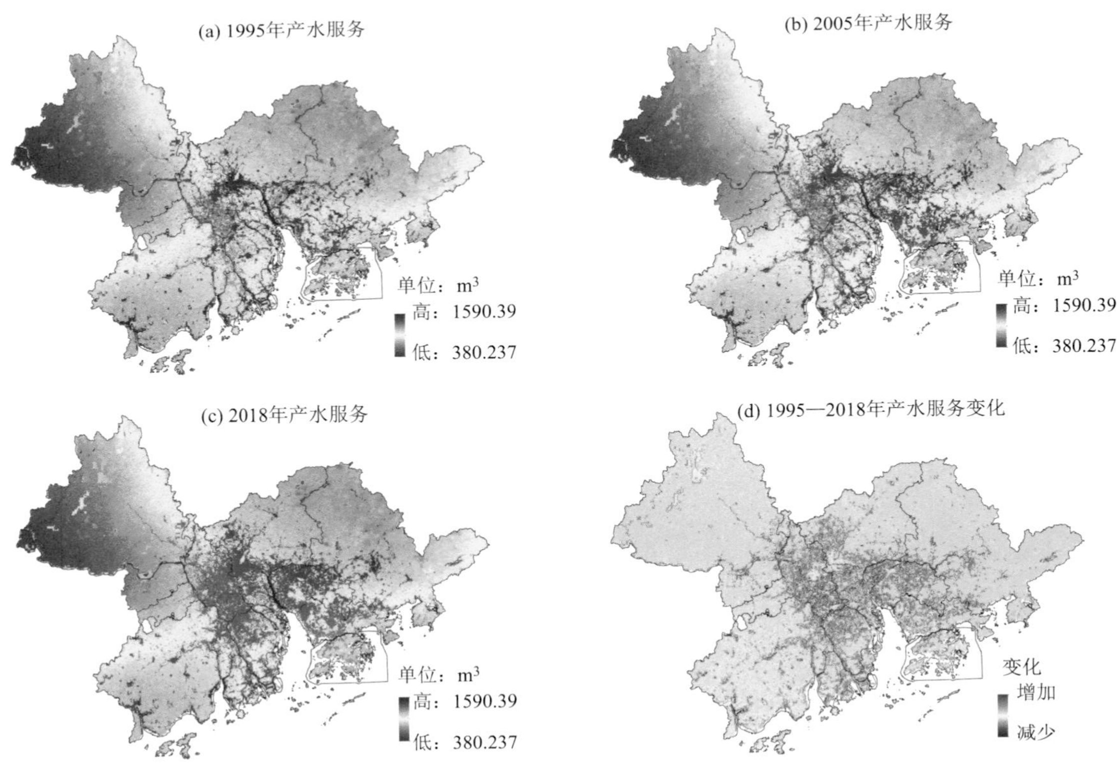

图3.3 珠江三角洲地区产水服务图

变化的影响，其占比于 1995—2005 年间略微下降，但在 2005—2018 年间又呈现上升趋势，且产水服务是所有地类中最多的，其次是耕地(图 3.4b)。而耕地、草地和水域的产水服务占比在 1995—2018 年间一直呈现出下降的情况，耕地是产水服务占比减少最多的地类，由 1995 年的 42.50%下降到 2018 年的 35.92%，共下降了 6.58%，也是所有地类中变化最多的。这主要是因为受经济发展和人口增长的影响，耕地面积不断减少所导致的。而由于建设用地面积的增加，其产水服务占比也呈现出不断增加的趋势。

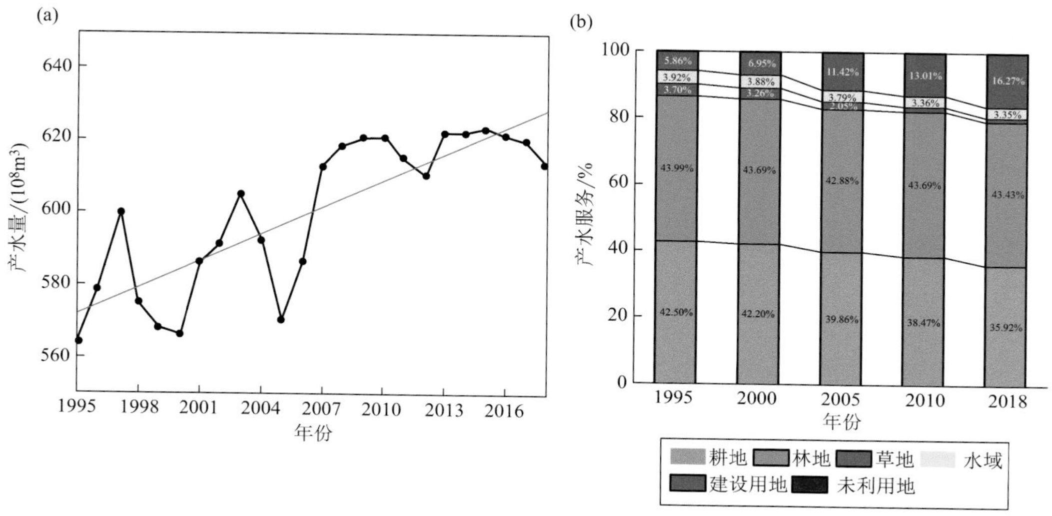

图 3.4 珠江三角洲地区产水服务变化统计

总体来说，珠江三角洲地区的产水服务在空间分布中具有中部高、东西部低的特点，而产水服务在 1995—2018 年间呈增加趋势；耕地、草地、水域产水服务占比持续下降，建设用地产水服务占比持续上升，林地产水服务占比出现先下降后上升的情况。

3.1.3 土壤保持

(1)研究方法与数据处理

InVEST 模型中的土壤保持模块是基于土壤流失方程 U_{SLE} 对区域土壤侵蚀量进行估算，并考虑了地块本身对于上游沉积物的拦截能力，使得土壤保持量的计算更加准确。计算公式如下：

$$U_{SLE}=R\times K\times L_S\times C\times P \tag{3.8}$$

$$R_{KLS}=R\times K\times L_S \tag{3.9}$$

$$S_D=R_{KLS}-U_{SLE} \tag{3.10}$$

式中，R_{KLS} 是研究区在特定地貌气候条件及裸地情形下的潜在土壤侵蚀量(t/(hm^2 · a))；U_{SLE} 是考虑了管理、工程措施的实际土壤侵蚀量(t/(hm^2 · a))；S_D 为土壤保持量(t/(hm^2 · a))；R 为降雨侵蚀因子，单位：MJ · mm/(hm^2 · h · a)；K 为土壤可蚀性因子，单位：t · hm^2 · h/(hm^2 · MJ · mm)；L_S 为坡长坡度因子；C 为植被覆盖和管理因子；P 为土壤保持措施因子。根据模型要求，土壤保持模型所需的数据来源及处理如表 3.4 所示。

表 3.4 土壤保持服务数据来源及处理

所需数据	来源	处理
土地利用栅格数据(Landuse)	欧洲航天局(ESA)的全球陆地覆盖数据集(https://www.esa-landcover-cci.org/),空间精度为 300 m×300 m	根据研究需要将土地利用类型划分为耕地、林地、草地、水域、建设用地和未利用地 6 类
降水侵蚀因子(R)	所需的月均降水量、年均降水量来源于中国气象数据网《中国地面气候资料年值数据集》(http://data.cma.cn/)	根据珠江三角洲地区及周边气象站点的月均降水量和年均降水量利用 Wischmeier 公式计算得到(Wischmeier et al.,1978)
DEM 数据	来源于地理空间数据云(http://www.gscloud.cn/)	填洼、流向分析
土壤可蚀因子(K)	所需的砂粒、粉粒、黏粒、有机碳含量数据来源于 FAO 基于世界土壤数据库(HWSD)中国土壤数据集(1:100 万)	采用 EPIC 模型进行计算(Sharpley et al.,1990)
生物物理表	参考已有研究成果	
流域(Watersheds)	以市域为标准建立	

(2)土壤保持服务时空变化

从空间上看(图 3.5),珠江三角洲地区土壤保持量的高值区主要分布于东部、西北部和西南部地区,主要是因为这些地区地表植被覆盖度高,林地、耕地等可通过林冠层、枯枝落叶层和土壤层拦截降雨,减少雨水对土壤的冲刷,故土壤保持能力较强;而中部地区除了植被覆盖度低外,地势相对平坦,导致土壤潜在侵蚀量和实际侵蚀量均较小,因此土壤保持量较小。土壤保持量减少的情况零星分布于珠江三角洲地区,而增加的情况则出现在香港的中部地区。从时间上看,珠江三角洲地区 1995 年和 2018 年两期的土壤保持量分别为 1.21×10^{10} t 和 1.21×10^{10} t,近 23 年间平均土壤保持量为 2.15×10^{5} t/km^2;1995—2000 年间土壤保持量略微下降(9.11×10^{5} t),2000—2010 年间土壤保持量大幅度下降(3.38×10^{7} t),而 2010—2018 年间土壤保持量又出现略微上升(1.26×10^{7} t),这样的变化趋势与珠江三角洲地区的林地面积变化密切相关(图 3.6a)。从土地利用类型来看,林地的土壤保持量在其他地类中占主导地位,近 23 年间均保持在 84%以上,对区域的土壤保持做出主要的贡献;土壤保持量占比第二的是耕地,由于面积的减少在近 23 年间呈现出下降趋势(图 3.6b)。

总体来说,受地形及土地利用类型的影响,珠江三角洲地区土壤保持量呈现东西高、中部低的空间格局,且土壤保持量在 1995—2018 年间呈下降趋势;林地是珠江三角洲地区土壤保持量的绝对贡献者且在 23 年间保持稳定水平,耕地的土壤保持量占比出现下降趋势。

3.1.4 食物供给

(1)研究方法与数据处理

数字高程模结合土地利用数据和统计年鉴数据,模拟珠江三角洲地区各用地的食物总产值,实现食物供给的空间化表达,计算公式如下:

$$G_i = A_i \times N_i \tag{3.11}$$

$$N_i = \frac{F_i}{S_i} \tag{3.12}$$

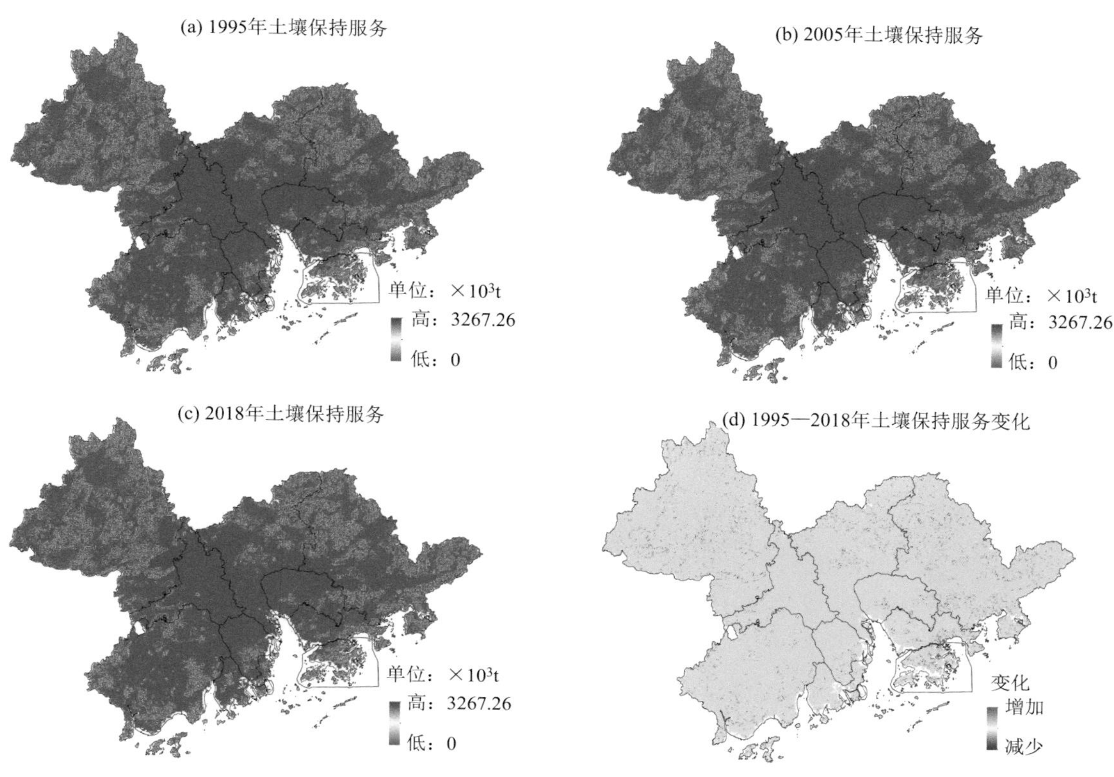

图3.5　珠江三角洲地区土壤保持服务图

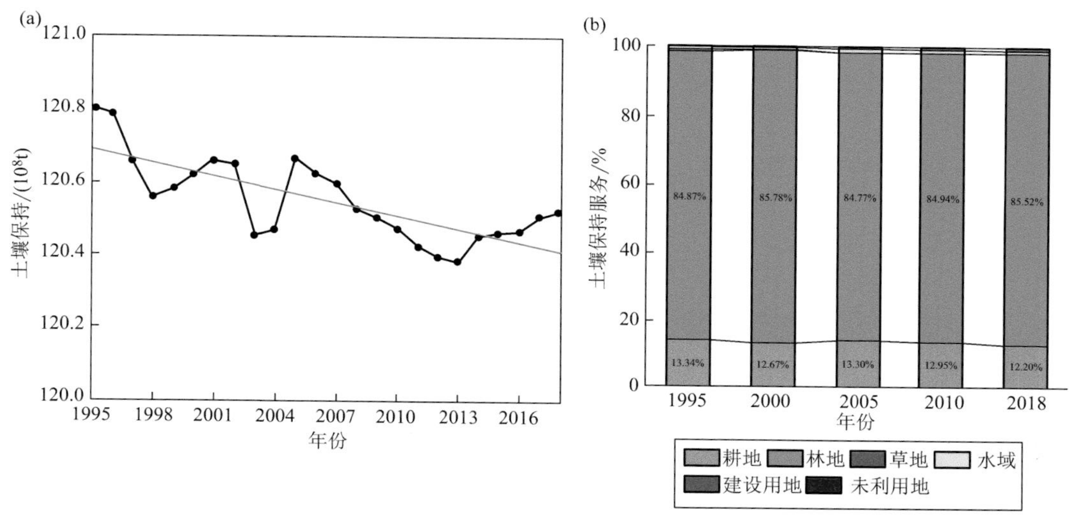

图3.6　珠江三角洲地区土壤保持服务变化统计

式中，G_i 为栅格所对应的食物 i 的总产值(元)，A_i 为每个格网中食物 i 占用的面积(km^2)，N_i 为食物 i 的单位面积产值(元/km^2)。F_i 为食物总产值(元)，S_i 为各土地利用类型的总面积(km^2)。其中，农业总产值对应耕地面积，牧业总产值对应草地面积，林业总产值对应林地面积，渔业总产值对应水体面积。

数据来源，土地利用栅格数据来自欧洲航天局（ESA）的全球陆地覆盖数据集（https://www.esa-landcover-cci.org/），空间精度为 300 m×300 m，根据研究需要将土地利用类型划分为耕地、林地、草地、水域、建设用地和未利用地 6 类。食物总产值数据来源于各市统计年鉴。

（2）食物供给服务时空变化

从空间上看，食物供给服务高值区位于珠江三角洲地区的中部，而 1995—2018 年间食物供给减少的区域也集中于中部，如东莞、佛山、中山、深圳等地（图 3.7）。从时间上看，珠江三角洲地区 1995 年和 2018 年两期单位面积食物供给服务分别为 197.40 元/km^2 和 130.22 元/km^2，随时间变化波动较大，在近 23 年间整体出现大幅度的下降，降幅达 51.59%（图 3.8a）。从不同土地利用类型上看，耕地的食物供给占比持续上升，说明了珠江三角洲地区的农业产值有上升的趋势；水域、草地的食物供给占比呈下降趋势，主要是由于草地、水域的面积减少所导致（图 3.8b）。

总体来说，珠江三角洲地区 23 年来食物供给服务总体上呈下降趋势，且下降幅达较大，降幅达 51.59%，下降区域主要集中在珠三角中部城市（图 3.8）。从空间分布来看，珠江三角洲地区 23 年来食物供给服务高值区主要集中在珠三角中部城市。从土地利用类型上看，耕地的食物供给占比持续上升，水域、草地的食物供给占比呈下降趋势。

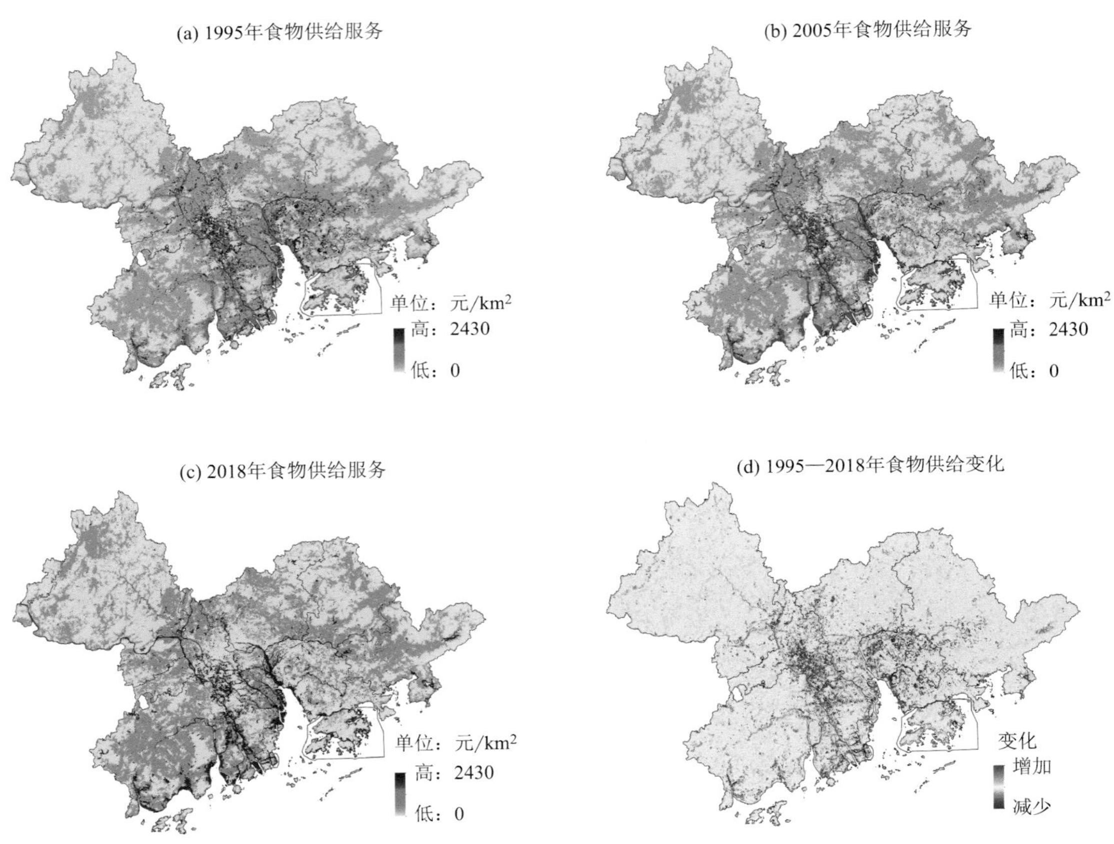

图 3.7　珠江三角洲地区食物供给服务图

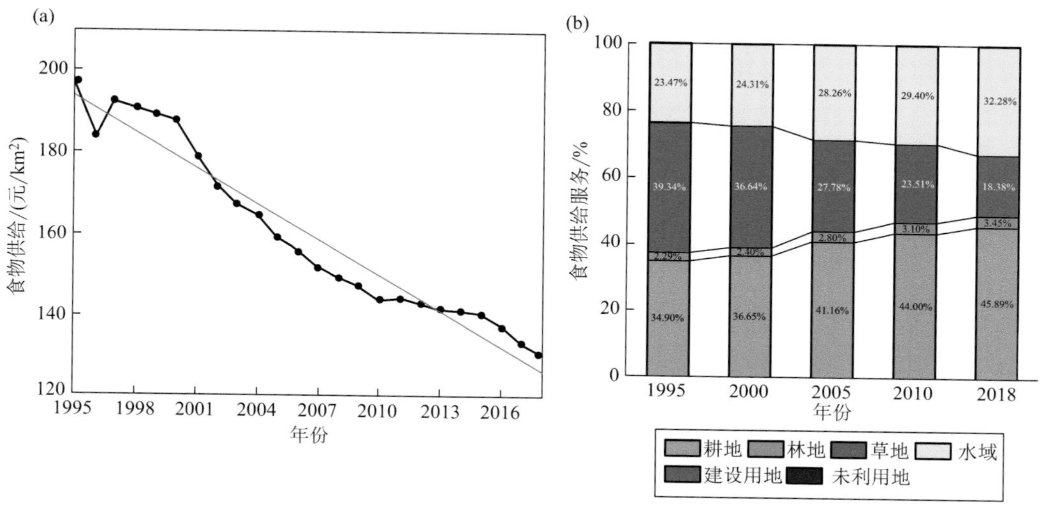

图3.8　珠江三角洲地区食物供给服务变化统计

3.1.5　生境质量

(1)研究方法与数据处理

InVEST模型中的生境质量模块(Habitat Quality)原理是以土地覆被/利用类型数据为基础，利用生境适宜度、胁迫因子敏感度、胁迫因子的影响距离与权重等影响因素对生境质量进行评估，将生境质量视为一个连续变量，用生境质量指数来表征生境质量，在一定程度上代表生物多样性的高低，即生境质量指数越高的区域，其生境质量越好，其生物多样性水平亦高。计算公式如下(冯舒 等，2018)：

$$Q_{xj}=H_j\left(1-\frac{D_{xj^2}}{D_{xj^2+K^2}}\right) \tag{3.13}$$

式中，Q_{xj}为土地利用/覆被类型j中栅格单元x的生境质量指数；H_j为土地利用/覆被类型j的生境适宜度，值域为[0,1]，值越接近1表示生境质量越高；D_{xj}为土地利用/覆被类型j中栅格单元x的生境的退化度；K为半饱和常数，通常取最大退化度的一半，默认值为0.5。D_{xj}通过以下公式计算：

$$D_{xj}=\sum_{r=1}^{R}\sum_{y=1}^{Y_r}\left(\frac{W_r}{\sum_{r=1}^{R}W_r}\right)r_y i_{rxy}\beta_x S_{jr} \tag{3.14}$$

$$i_{rxy}=1-\left(\frac{d_{xy}}{d_{r\max}}\right)\text{(线性衰减)} \tag{3.15}$$

$$i_{rxy}=\exp\left(\frac{-2.99d_{xy}}{d_{r\max}}\right)\text{(指数衰减)} \tag{3.16}$$

式中，R为胁迫因子个数；y为胁迫因子r的所有栅格单元；Y_r为胁迫因子的栅格数；W_r为胁迫因子r的权重；r_y为栅格y胁迫因子值；i_{rxy}为栅格y的胁迫因子r_y对栅格x的胁迫水平；β_x为胁迫因子对栅格x的可达性；S_{jr}为生境类型j对胁迫因子r的敏感程度，值域为[0,1]；d_{xy}为栅格x与栅格y的直线距离；$d_{r\max}$为胁迫因子r的最大胁迫距离。

模型中需要根据研究区具体情况进行调整的参数主要包括威胁因子的最大影响距离及权

重、各土地利用类型对威胁因子的敏感程度。本研究综合考虑珠江三角洲地区特殊地理环境并参考相关文献(刘春芳 等,2018;巩杰 等,2018),将人类活动最为集中、对地表生境产生较大影响的建设用地、耕地、未利用地定义为威胁因子,并且结合实际情况设定不同威胁因子的最大影响距离及其权重(表 3.5),以及生境适宜度和不同生境对威胁因子的敏感程度(表 3.6)。

表 3.5 胁迫因子的最大影响距离及其权重

威胁因子	最大影响距离/km	权重	距离衰减函数
耕地	0.5	0.5	线性
建设用地	2	0.7	指数
未利用地	6	1	指数

表 3.6 生境适宜度及其对不同胁迫因子的敏感度

土地利用类型	生境适宜度	敏感度		
		耕地	建设用地	未利用地
耕地	0.5	0	0.7	0.5
林地	1	0.8	0.5	0.7
草地	0.8	0.5	0.6	0.6
水域	1	0.3	0.3	0.6
建设用地	0	0	0	0
未利用地	0	0	0	0

(2)生境质量时空变化

通过 InVEST 模型运算,得到珠江三角洲地区 1980—2015 年生境质量空间分布图(图 3.9),生境质量指数范围为[0,1],越接近 1 代表生境质量越高,反之越低。在 ArcGIS 中采用等间隔断点法将生境质量划分为 3 个等级(表 3.7),即低(0～0.33)、中(0.33～0.67)和高(0.67～1)。从空间格局上看,珠江三角洲地区生境质量空间分布具有一定的规律性,呈现出中部和中南部低、四周边缘地带高的格局。整体上生境质量较高区域分布较广泛,占总面积 65%左右,主要分布在多林地和草地的珠江三角洲地区四周边缘地带,包括肇庆市、惠州市、江门市、珠海市、广州市东北部和香港等。生境质量较低区域具有一定的集聚性,主要分布在多耕地、建设用地、河网较为密集的珠江三角洲地区中部和中南部,这里主要是人类活动频繁、人口数量大、植被覆盖率较低的珠江三角洲农业生产区和城市经济区,包括东莞市、佛山市、深圳市、广州市西南部、中山市和澳门等。而中等生境质量区域其主要散布在高等与低等生境质量区域的过渡带,与耕地土地利用类型分布区具有较高的一致性。

从时间尺度上看,1980 年、1995 年、2005 年、2015 年珠江三角洲地区生境质量平均值分别为 0.79、0.78、0.76、0.74(表 3.7),平均生境质量指数均超过 0.7,表明 1980—2015 年珠江三角洲地区整体生境质量较好,但珠江三角洲地区生境质量总体呈不断下降趋势(图 3.10a)。通过分析各等级生境质量的面积百分比和各区平均生境质量柱状图可知(图 3.10b),1980—2015 年生境质量为高等级的区域面积占比变化最小,仅下降 2.23%;而中等级的区域面积占比呈不断下降趋势,面积占比从 1980 年 28.79%下降到 2015 年 22.68%;低等级的区域面积占比上升最大,面积占比从 1980 年 5.91%上升到 2015 年 13.80%,其 2015 年的面积占比是 1980 年的 2 倍以上。从各市/行政区上看,东莞市、中山市、佛山市、深圳市、珠海市、澳门生境质量指数大大下降,其中东莞市和深圳市最为突出,这与各县区的综合土地利用动态度具有相

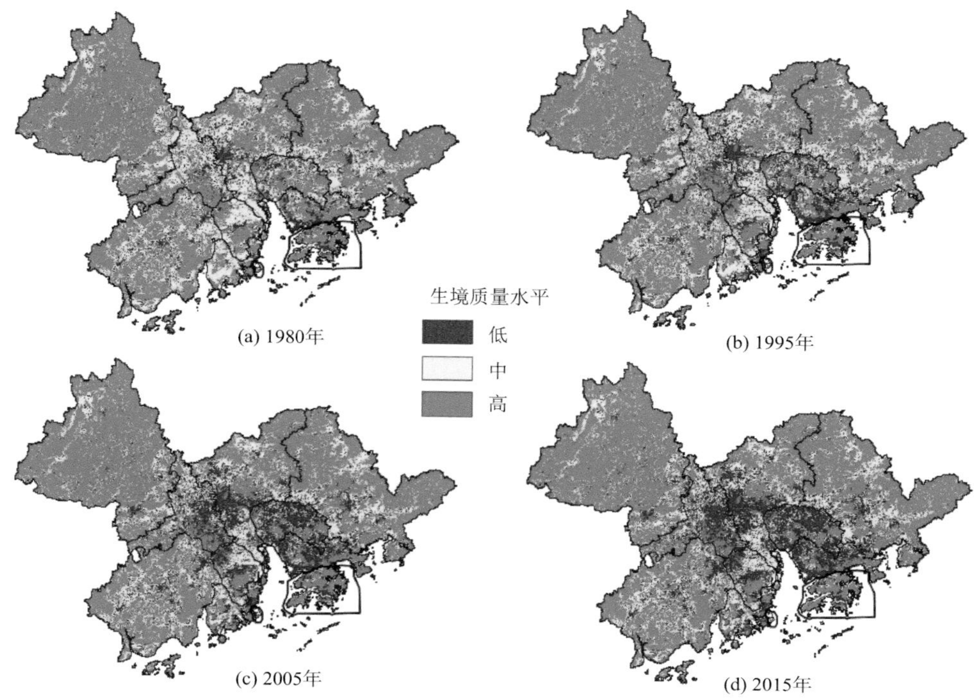

图 3.9 珠江三角洲地区生境质量服务图

似的特征。这也反映了研究区内大部分区域的生境质量向更低水平转化，珠江三角洲地区具有潜在的生境退化风险。

表 3.7 各等级生境质量面积及其百分比

等级	分值区间	1980 年		1995 年		2005 年		2015 年	
		比例	平均值	比例	平均值	比例	平均值	比例	平均值
低	0～0.33	5.91%		8.15%		11.64%		13.80%	
中	0.33～0.67	28.79%	0.79	26.25%	0.78	23.81%	0.76	22.68%	0.74
高	0.67～1	65.30%		65.60%		64.55%		63.53%	

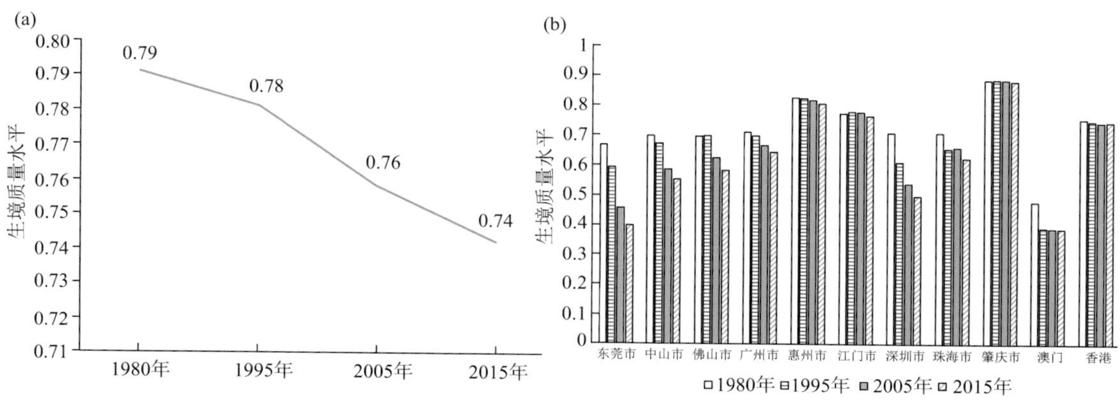

图 3.10 珠江三角洲地区各市及全区平均生境质量

通过 ArcGIS 计算,珠江三角洲地区生境质量变化特征如图 3.11 所示。在 1980—2015 年间,珠江三角洲地区绝大部分区域生境质量变差,由中部与珠江东西岸形成带状向周边片区迅速蔓延,仅香港和其他地区极少数区域的生境质量呈变好态势,而 20%不到的地区生境质量不变,主要分布在珠江三角洲地区边缘地带,如肇庆市和惠州市的部分地区。

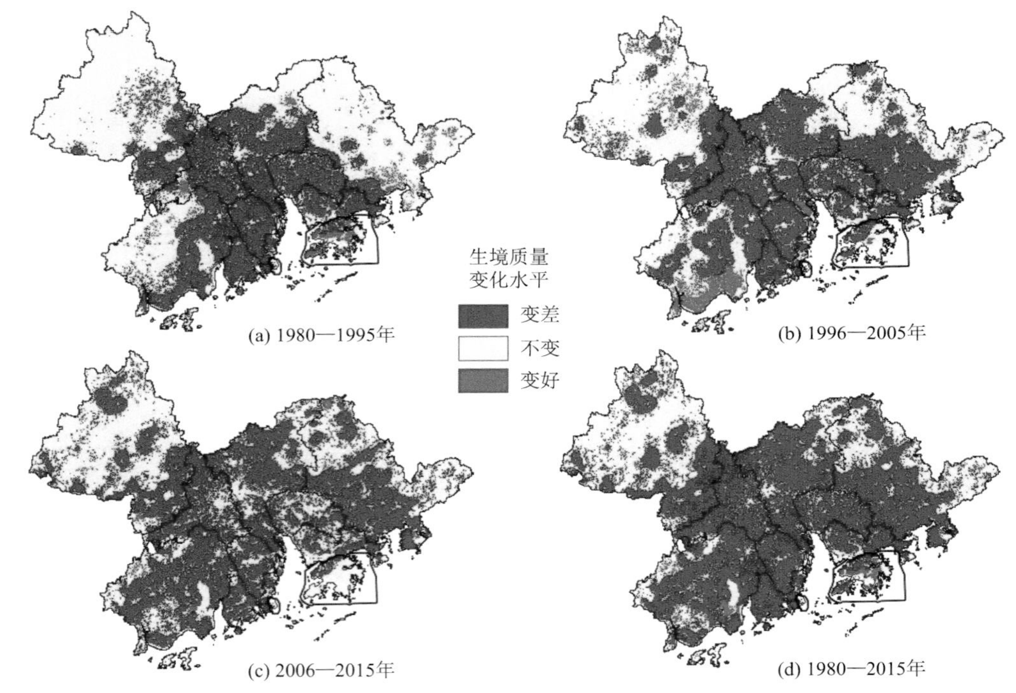

图 3.11 珠江三角洲地区生境质量变化时空分布图

在 1980—1995 年间,生境质量变差区域主要位于深圳市、东莞市、广州市中南部、佛山市、中山市、珠海市、澳门、江门市中东部和中南部等地区,连接成环绕珠江口东西岸的带状片区,这些城市在改革开放初期大力发展经济,新建大量工商业区,城镇工矿交通等建设用地的扩张相对较快而占据大量其他用地类型,产生了大量的生产和生活污染物导致附近生境质量变差,对生态环境、生活环境、生物多样性和经济可持续发展产生较大的威胁。生境质量变好区域主要位于香港和惠州市边缘少数地区,这得益于实施多项"增绿"工程政策,例如 1985 年广东实施的"消灭荒山,十年绿化广东"工程,通过植树造林使森林覆盖率提升和生境适宜度提高。在 1995—2005 年,生境质量变差区域从环绕珠江口东西岸的带状片区向周边辐射扩散,表征珠江三角洲地区城市化程度加大、土地需求更大。生境质量变好的区域主要是江门市、肇庆市、广州市番禺区和南沙区部分地区,主要是"红树林工程""121 重点工程水土流失地植树造林"等生态工程对该区域的生态环境进行大力建设的成果。然而在 2005—2015 年,包括江门市、肇庆市等生境质量得到提升地区的绝大部分区域生境质量开始变差,主要是随着开放力度加大和经济迅猛发展的需要,各区响应经济政策,特别是 2008 年广东省政府公布《珠江三角洲地区改革规划纲要(2008—2020)》和打造三大经济圈等政策,重点推进工业和打造众多核心工业园区所导致。这表征了城市化全面推进和加速,也体现了生境退化现象存在空间集聚效应。

(3)土地利用变化与生境质量变化之间的相关性分析

通过统计 1980—2015 年、1980—1995 年和 1995—2015 年三期珠江三角洲地区共 11 个区域的综合土地利用动态度和生境质量变化度，对其进行 Pearson 相关系数的计算。

相关性分析结果显示（表 3.8），相关系数的显著性概率水平为 0.01，而三期显著性概率指数 Sig 均小于 0.01，并且相关系数 r 均有（* *）的显著相关的标志，说明生境质量变化度与综合土地利用动态度有非常显著的相关性，呈现极显著线性相关，土地利用变化可直接影响生境质量变化，也定量证实了土地利用和生境质量是密切相关的。珠江三角洲地区随着城市化进程的不断加快，由于人口的迅速增长和经济的快速发展对土地空间有更大的需求，土地利用类型因此发生剧烈变化，特别是城市周围的建设用地占据了大量的生态和农业用地，导致生境质量不断衰减。因此，未来可通过提高土地利用率和加强城镇中的土地资源的有效配置，使生境质量得到提升，并且应加强对生境质量与土地利用方面的研究，对区域内各种土地利用过程与生境质量进行量化研究，为经济与生态环境的协调发展提供更有用的参考。

表 3.8　土地利用变化与生境质量变化的相关性表

时间段	1980—2015 年	1980—1995 年	1995—2015 年
Pearson 相关系数	0.960* *	0.914* *	0.947* *

注：* * 表示在 0.01 级别（双尾），相关性显著。

总体来说，1980—2015 年珠江三角洲地区各土地利用类型的空间格局和时间变化特征，主要表现为建设用地持续扩增、耕地大量减少。各地类间转化以耕地、林地和水域向建设用地转移为主，主要发生在东莞市、深圳市、中山市等经济发展较快区域。其中，建设用地在湾区中部向珠江东西岸方向呈辐射带状持续扩增，而耕地是建设用地增加的主要来源，这表征湾区城市化进程在不断地推进和加速，经济发展势头足，同时也暴露了城市发展面临用地扩张与生态环境保护之间的矛盾。珠江三角洲地区生境质量呈中部和中南部低、四周边缘地带高的空间格局；35 年间，生境质量不断下降，大部分区域生境质量向更低等级转化，且低等级生境质量区域主要沿中部向珠江两岸方向延伸。特别是城市周围不断向外延伸建设用地的新兴经济区域，生境质量下降明显。相关性分析结果表明土地利用变化很大程度上直接或间接影响生境质量。因此，珠江三角洲地区生境质量普遍恶化的主要原因是城镇化进程加快下的土地利用变化剧烈，急剧扩张的建设用地侵占了周围大量其他地类，破坏了生态供需平衡和生态环境条件，同时暴露了珠江三角洲地区具有潜在的高生境退化风险。从 1980—2015 年珠江三角洲地区土地利用变化及生境质量时空演变特征来看，未来要避免区域不必要的生境破坏，协调好经济发展与生态环境之间的关系。建议应重点对农用地和生态用地进行生态保育，加强建设用地集聚区域的城市绿地建设，同时，做好对建设用地合理扩张和容积率的管控工作，避免建设用地向外盲目扩张，减少对生境的破坏。

3.2 珠三角生态系统服务供给和需求

3.2.1 珠三角生态系统服务供给评估

（1）固碳服务供给

通过 InVEST 模型 Carbon 模块计算得到珠江三角洲地区固碳服务供给能力的空间分布

图(图 3.12)。从整体栅格尺度上看,固碳服务供给能力整体呈现东—西部高、中部低的空间分布特点,并大致呈"Ω"形。固碳服务总供给量为 2.11 亿 t,全区单位面积固碳供给量为 0.38 万 t/km^2。可以看出,高低值区分布的离散程度较高,其中高值区主要分布在香港、肇庆市、惠州市以及江门市;低值区主要集中于中部地区的中山市北部、佛山市、珠海市、东莞市西部、深圳市等。

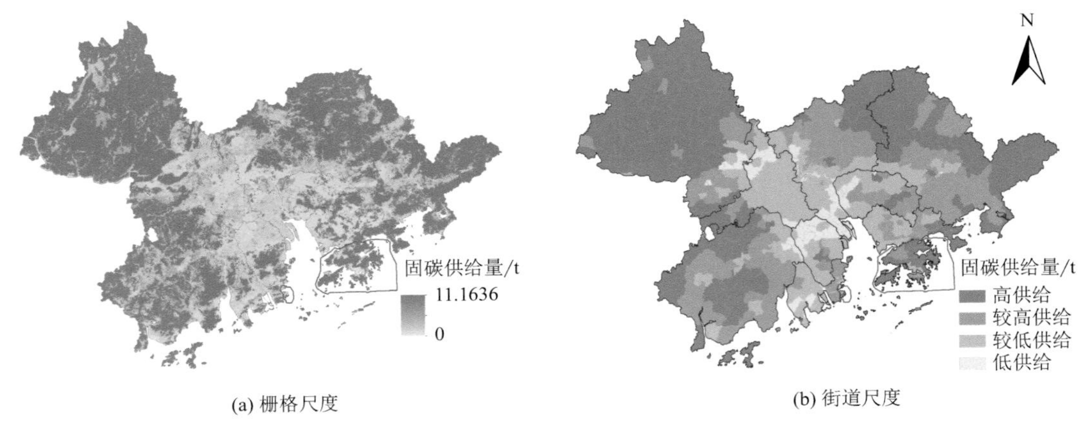

图 3.12 珠江三角洲地区固碳服务供给能力空间分布图

从市域统计情况上看(图 3.13),单位面积固碳供给量最高的是香港(0.49 万 t/km^2),其次是肇庆(0.43 万 t/km^2)和惠州(0.41 万 t/km^2),主要是因为香港的植被覆盖度较好并且区域面积相对小得多,而肇庆和惠州这些区域的林地和耕地面积占比较大,海拔相对中部地区较高,并且总体植被覆盖度高,而植被覆盖度很大程度决定了固碳能力的强弱;单位面积固碳供给量最低的是中山市(0.27 万 t/km^2),其次是佛山(0.28 万 t/km^2)和珠海(0.29 万 t/km^2),主要是因为这些区域位于珠江沿岸附近,地势较低且平坦,适宜大面积进行经济的开发和建设,加上人口高度聚集,生态用地破碎化程度极高,致使沿河生物量较少和植被覆盖状况较差,故固碳能力弱。

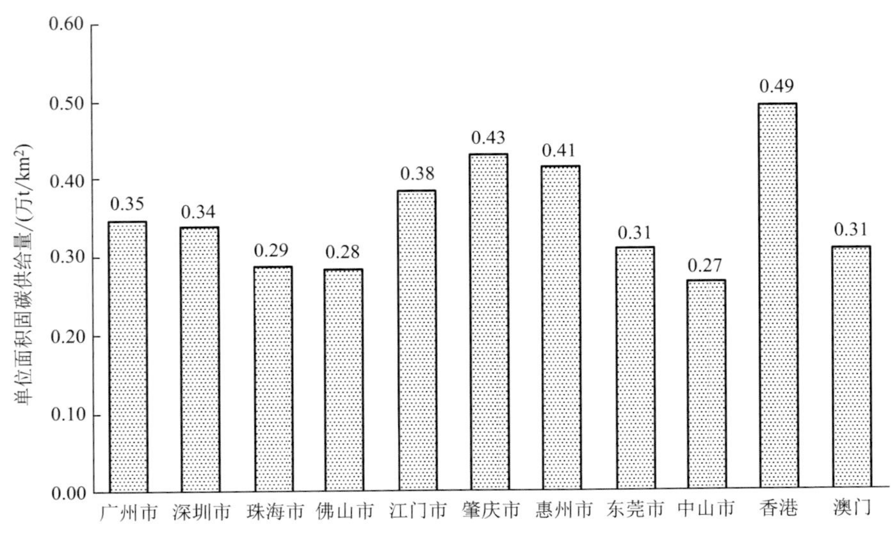

图 3.13 珠江三角洲地区各市/行政区固碳服务供给能力

从街道尺度来看，固碳供给能力的空间格局与栅格尺度的较为吻合，但高值区与低值区之间的过渡层级更加明显，固碳供给能力整体上表现为西北部、西部以及东北部均向区域中部不断降低。将珠江三角洲地区固碳供给量进一步按照自然断点法从高到低分为高供给（0.40万～0.66万 t/km^2）、较高供给（0.31万～0.40万 t/km^2）、较低供给（0.22万～0.31万 t/km^2）、低供给（0～0.22万 t/km^2）4类进行展示（表3.9），结果显示面积占比最高的是高供给街道，高达49.23%，几乎是其他四类的面积总和，而面积占比最少的是低供给街道，仅为4.86%，这说明珠江三角洲地区生态系统总体上具有较好的碳储存能力。其中，固碳高供给街道主要分布在肇庆市和香港大部分街镇，惠州市的东部和与北部镇街，江门市的北部和中部镇街，以及广州市的东北部少部分的镇街，这些区域的植被生长状态好且受人类活动干扰较弱。固碳低供给街道主要在城市建成区的中心街道，其人类活动频繁且强度较大，包括广州市的天河区、越秀区、海珠区、白云区、南沙区、番禺区等，佛山市三水区，江门市江海区以及澳门等的部分区域。

表3.9　固碳服务供给的街道统计情况

固碳供给街道情况	街道数量/个	总面积/km^2	面积占比/%
高供给	164	27391.31	49.23
较高供给	154	14684.22	26.39
较低供给	252	10860.82	19.52
低供给	72	2703.78	4.86

综上所述，固碳服务供给能力的空间格局整体上呈现研究区四周边缘高，逐渐向中部沿江区域降低的态势。并揭示固碳服务供给能力不仅与土地利用类型关系紧密，与其他人类活动行为的强度和经济发展程度也有一定程度的关系。

（2）产水服务供给

通过InVEST模型Water Yield模块计算得到珠江三角洲地区产水服务供给能力的空间分布图（图3.14）。从整体栅格尺度上看，产水服务供给能力整体呈现西南部高和东南部高、中部略高、东西部低的态势，呈“人”字形。产水服务总供给量为791.80亿 m^3，全区单位面积产水供给量为142.67万 m^3/km^2。可以看出，产水服务供给能力受降水量时空分布不均影响严重，空间上表现出明显差异性。高值区集中于江门市、珠海市、深圳市、惠州市东部沿海、澳门等；低值区主要在肇庆市东北部大部分区域、惠州市东部和北部大部分区域、广州市东北部小部分区域等。

从市域统计情况看（图3.15），单位面积产水服务供给量最高的是江门市（203.83万 m^3/km^2），其次是珠海市（172.45万 m^3/km^2）、深圳市（169.86万 m^3/km^2）和中山市（166.07万 m^3/km^2），主要是因为部分区域沿江沿海的地理位置，其降水量充足且地势较低；另一方面还因为部分区域有大量的建设用地导致不透水表面面积占比较高，缺乏植物截流和蒸腾作用，地表蒸散量低，降水径流不易下渗，使得产水服务供给能力强。单位面积产水服务供给量最低的是澳门（87.80万 m^3/km^2），其次是肇庆市（105.56万 m^3/km^2）和惠州市（125.91万 m^3/km^2），主要是因为这些区域林地和草地覆盖率高，植物根系发达容易吸收水分，并且植被蒸腾作用旺盛，其水分蒸发量高，且降水下渗能力较强，导致这些区域的产水能力弱。

从街道尺度来看，产水供给能力的空间格局与栅格尺度的较为一致，但供给能力分类轮廓

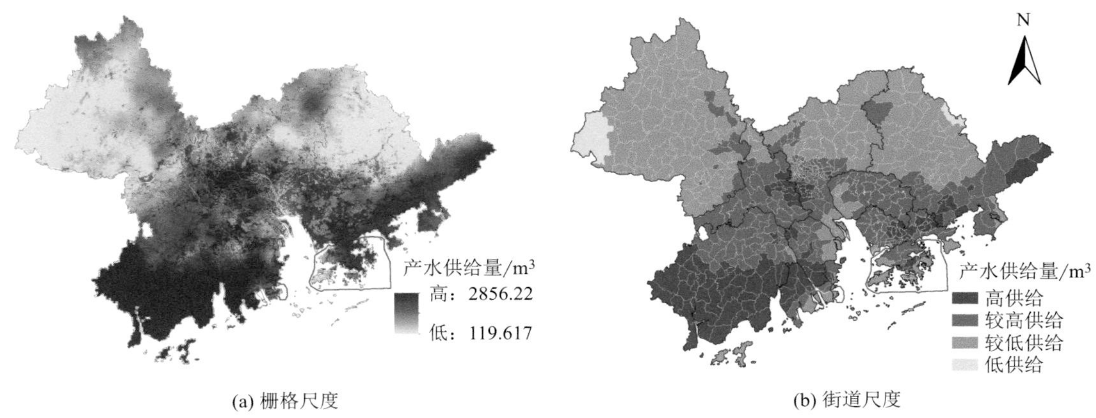

(a) 栅格尺度　　(b) 街道尺度

图 3.14　珠江三角洲地区产水服务供给能力空间分布图

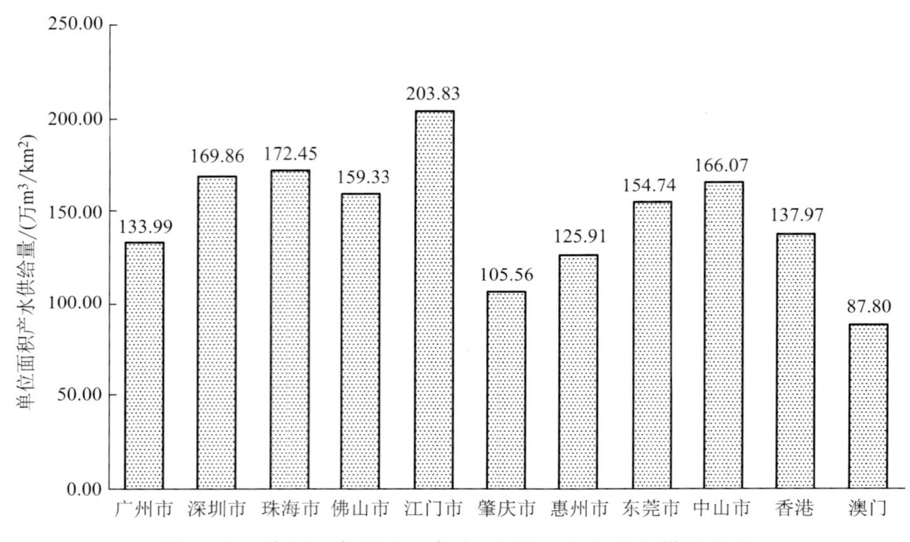

图 3.15　珠江三角洲地区各市/行政区产水服务供给能力

更精细，产水供给能力整体上表现为西南部大范围高、中部和东南部小范围高、三区域的连接区较高、西北部和东北部较低，呈倒"V"形。将珠江三角洲地区产水供给量进一步按照自然断点法从高到低分为高供给(181.12 万～260.73 万 m^3/km^2)、较高供给(135.31 万～181.12 万 m^3/km^2)、较低供给(68.17 万～135.31 万 m^3/km^2)、低供给(0～68.17 万 m^3/km^2)4 类进行展示(表 3.10)，结果显示面积占比最高的是较低供给街道，达 47.96%，其次是较高供给(31.96%)、高供给(18.61%)，最少的是低供给(2.36%)，这说明珠江三角洲地区大部分区域产水能力较弱，降水下渗能力较强。其中，产水高供给街道主要分布在江门市的恩平市和台山市，江门市新会区和蓬江区的部分镇街，珠海市斗门区，中山市南部乡镇，深圳市坪山区和龙岗区，广州市天河区、越秀区、海珠区、荔湾区以及番禺区等，深圳市福田区、佛山市禅城区等部分区域。产水低供给街道分布在最内陆的肇庆市西部的封开县平凤镇、江川镇、江口镇等，以及珠江三角洲地区东部惠州市最东部的石坝镇。

综上，产水服务供给能力的空间格局整体上呈现西南部高、东南部和中部略高、东部西部低的态势，即以江门、深圳和广州为顶点的倒"V"形。

表 3.10 产水服务供给的街道统计情况

产水供给街道情况	街道数量/个	总面积/km^2	面积占比/%
高供给	196	10353.80	18.61
较高供给	226	17291.52	31.08
较低供给	196	26683.63	47.96
低供给	24	1311.18	2.36

(3)土壤保持服务供给

通过 InVEST 模型 SDR 模块计算得到珠江三角洲地区土壤保持服务供给能力的空间分布图(图 3.16)。从整体栅格尺度上看,土壤保持服务供给能力整体呈现东北部和东部高、中部珠江两岸附近最低的空间分布格局。土壤保持服务总供给量为 100.10 亿 t,全区单位面积土壤保持供给量为 18.04 万 t/km^2。可以看出,高值区分布的离散程度较高,其中高值区主要零散分布在香港、惠州、肇庆、深圳南部,其次是江门和广州东北部;低值区主要集中于中部地区的珠江两岸,包括佛山、中山北部、东莞、广州西部、澳门等。

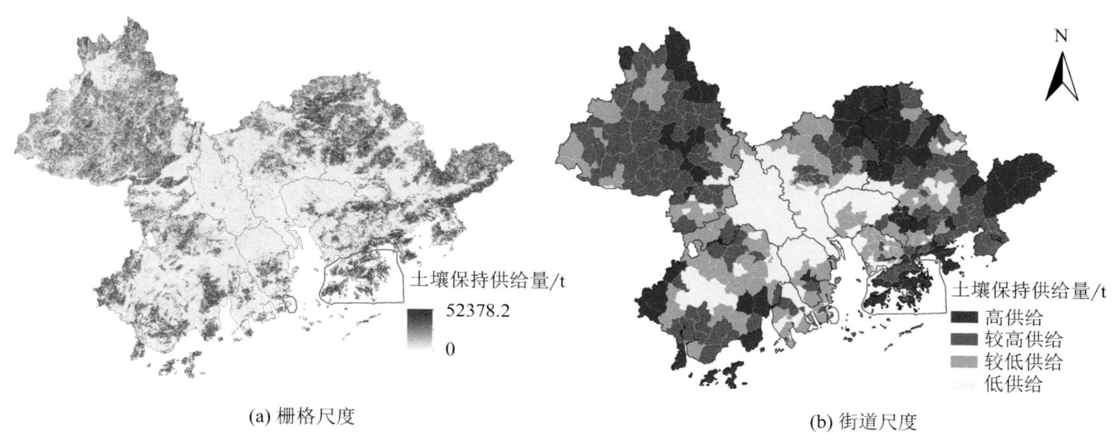

图 3.16 珠江三角洲地区土壤保持服务供给能力空间分布图

从市域统计情况看(图 3.17),单位面积土壤保持供给量最高的是香港(31.31 万 t/km^2),其次是惠州(25.21 万 t/km^2)、肇庆(20.68 万 t/km^2),主要是因为土壤保持服务受土地利用类型、地形和降水量的综合影响,而这些区域的林地、耕地面积较大,植被覆盖度高,而地表以上可通过林冠层、枯枝落叶层和土壤层拦截降雨,即雨水的拦截能力较强;加上地表以下的植物根系发达,具有较好的保土能力,故土壤保持能力强。单位面积土壤保持供给量最低的是澳门(4.32 万 t/km^2),其次是佛山(5.91 万 t/km^2)和中山(8.01 万 t/km^2),主要是因为这些区域除了植被覆盖度低、地势平坦外,还有大量的不透水面等受人类活动干扰强的用地类型,影响了土壤和水的活动,导致土壤潜在侵蚀量和实际侵蚀量均较小,故土壤保持能力弱。

从街道尺度来看,土壤保持供给能力的空间格局比栅格尺度的更能体现空间差异性和整体性,土壤保持供给能力整体上表现为东北部和东部高、中间最低的空间分布特征。将珠江三角洲地区土壤保持供给量进一步按照自然断点法从高到低分为高供给(26.65 万~66.97 万 t/km^2)、较高供给(15.15 万~26.65 万 t/km^2)、较低供给(6.48 万~15.15 万 t/km^2)、低供给(0~6.48 万 t/km^2)4 类进行展示(表 3.11),结果显示面积占比最高的是较高供给街道,达

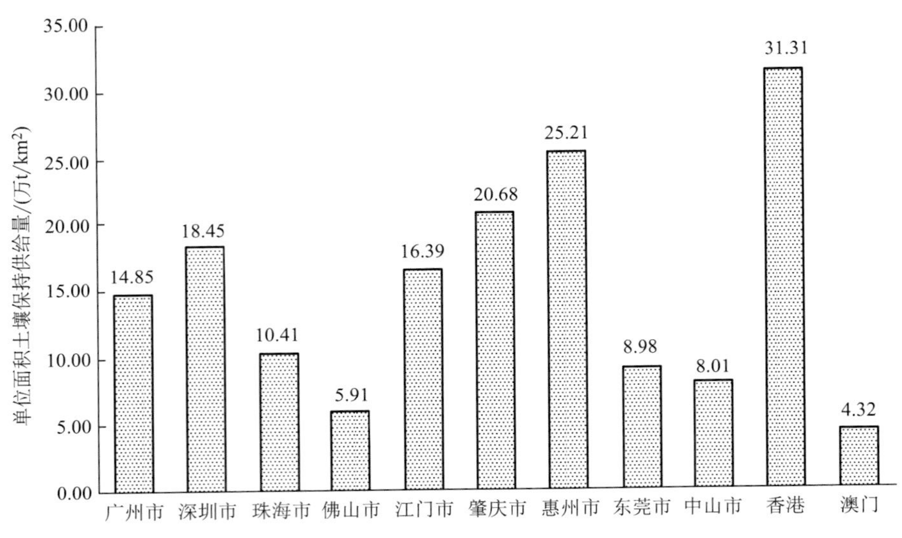

图 3.17 珠江三角洲地区各市/行政区土壤保持服务供给能力

32.76%，其他 3 类依次为较低供给(23.81%)、高供给(23.12%)和低供给(20.30%)，可以看出，4 类街道面积占比差别不大，这说明珠江三角洲地区土壤保持供给量整体上比较平衡和稳定。其中，土壤保持高供给街道主要分布在香港南部大部分区域，惠州的惠东县和龙门县，广州的从化区，肇庆的怀集县和广宁县部分镇，深圳的大鹏区和盐田区，江门的恩平市和台山市小部分镇；低供给街道主要在除高明区外的佛山全市，中山市的北部乡镇，广州市的南沙区、番禺区海珠区、荔湾区，东莞市北部大部分乡镇，珠海市临近珠江分支的部分镇街，澳门。

表 3.11 土壤保持服务供给的街道统计情况

土壤保持供给街道情况	街道数量/个	总面积/km²	面积占比/%
高供给	76	12864.05	23.12
较高供给	128	18229.36	32.76
较低供给	155	13250.38	23.81
低供给	270	11296.34	20.30

综上所述，土壤保持服务供给能力的空间格局整体上呈现植被覆盖度最高的东北部和东南部高、珠江支流沿岸的中部最低的空间分布特征。

3.2.2 珠三角生态系统服务需求评估

(1)固碳服务需求

① 计算原理

采用碳排放系数法评估珠江三角洲地区固碳服务的需求量。排放系数法是联合国政府间气候变化专门委员会(IPCC)提出的一种适用于宏观、中观和微观多种尺度的碳排放估算方法(李婷 等，2017)，基于能源统计数据、各能源碳排放系数和人口密度数据实现固持服务的需求空间分布可视化。具体公式为：

$$C_{CP} = C_{pcfc} \times \rho_{pop} \tag{3.17}$$

式中，C_{CP} 为固持服务需求量(t)；C_{pcfc} 为人均碳排放量(t)；ρ_{pop} 为栅格人口密度(人/hm²)。

$$C_{pcfc} = \frac{C_E}{P_{op_i}} \tag{3.18}$$

式中，C_E 为研究区 2018 年碳排放总量(t)；P_{op_i} 为年末常住人口数(人)。碳排放总量参照涂华等(2014)的方法，采用能源消耗总量与标准煤碳排放系数的乘积得出。

$$C_E = \sum(E_{ei} \times a) \tag{3.19}$$

式中，E_{ei} 为研究区各市能源消耗总量(t)，统一折算为标准煤数量；a 为标准煤碳排放系数。

② 数据来源及处理

固碳服务需求评估所需数据主要包括土地利用类型数据、碳排放量、常住人口数、人口密度栅格数据、标准煤碳排放系数、各能源碳排放系数、折算标准煤系数等(表 3.12)。具体所需数据来源及处理方法见表 3.12。

表 3.12　固碳服务需求评估的数据来源及处理

所需数据	数据来源	初级数据	数据处理方法
土地利用栅格数据(Landuse)	中国科学院资源环境科学技术中心	中国科学院 1∶10 万比例尺的土地利用数据；空间分辨率为 30 m	利用研究区边界进行裁剪、融合和数据转栅格等处理
碳排放量/t	各地级市能源统计年鉴	能源消费总量(万 t)；各种类能源消费量(万 t)	根据标准煤换算方式进行换算；参照涂华等(2014)对能源消耗总量进行计算得出
常住人口/人	广东省统计年鉴 2019	2018 年末常住人口数	
人口密度/(人/hm²)	WorldPop 网站，全球高分辨率人口计划项目	全国人口密度栅格数据，空间分辨率为 100 m	根据研究区边界进行裁剪、融合等
各种排放系数	参考前人研究	标准煤碳排放系数；各能源碳排放系数；折算标准煤系数	

③ 固碳服务需求结果

通过人均碳排放量与人口密度的计算得到珠江三角洲地区固碳服务需求量的空间分布图(图 3.18)。从整体上看，固碳服务需求量整体为中部和南部局部高、三周边缘低的空间格局。不同区域的固碳需求呈现出显著差异，有“以广州、佛山和深圳的城市发展区为高需求中心，需求不断向四周低扩散”的态势。固碳服务总需求量为 14.50 亿 t，全区单位面积固碳需求量为 2.61 万 t/km²。可以看出，高值区分布的集中程度较高，其中高值区主要分布在深圳、广州西部、佛山靠近广州的东南部、东莞中部、香港南部、澳门北部等；低值区主要集中于研究区的周边城市，包括肇庆、江门、惠州大部分区域、佛山西部和北部、广州东北部等。

从市域统计情况看(图 3.19)，单位面积固碳需求量最高的是深圳，为 14.86 万 t/km²，依次是香港(9.89 万 t/km²)和澳门(9.31 万 t/km²)；单位面积固碳需求量最少的是肇庆，为 0.31 万 t/km²，其次是江门(0.86 万 t/km²)和惠州(1.75 万 t/km²)。也就是说深圳的单位面积固碳需求量是肇庆的 48 倍、是广州的 2.7 倍。究其原因，是固碳服务需求受人口密集程度、工业布局与产业结构的影响大，固碳需求较高的区域主要分布在城市的经济发展主城区和城镇集中区，这些区域人口高度集聚、第二产业和第三产业发展快、城市化速度快、大量的建成区而生态面积破碎程度高，因此能源消耗量大、碳排放量高、绿地等生态面积需求高，使得固碳需求强。其他区域则地广人稀、碳排放量相对较少，故固碳需求较低。

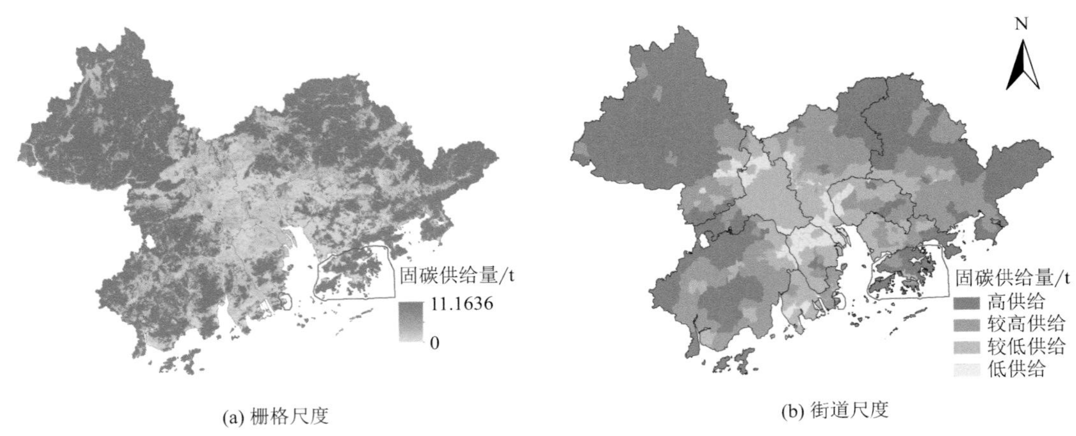

(a) 栅格尺度 (b) 街道尺度

图 3.18 珠江三角洲地区固碳服务需求能力空间分布图

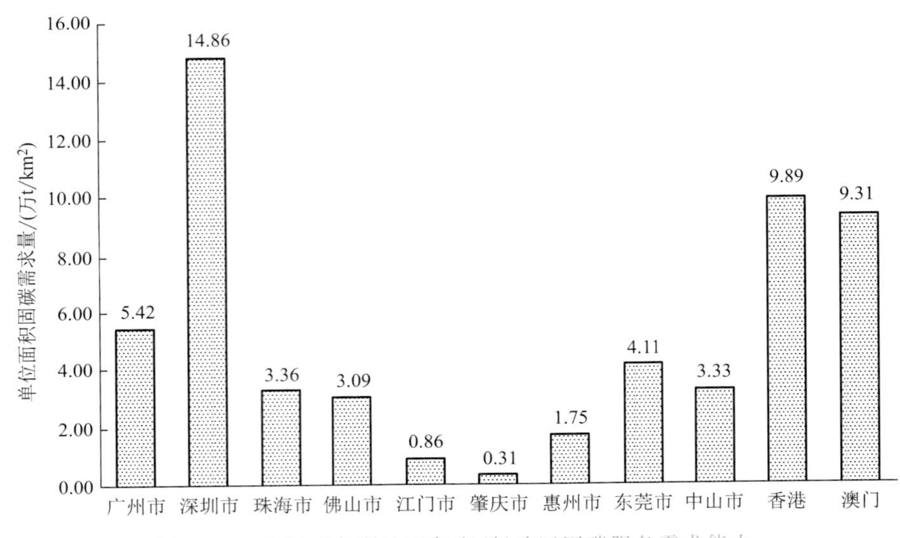

图 3.19 珠江三角洲地区各市/行政区固碳服务需求能力

从街道尺度来看，固碳需求的空间格局与栅格尺度的较为吻合，能更精准突出高需求区域，固碳需求的空间格局整体上表现为深圳和广州主城区高、中部较高、三周边缘低。将珠江三角洲地区固碳需求量进一步按照自然断点法从高到低分为高需求(8.95 万～198.67 万 t/km^2)、较高需求(5.97 万～8.95 万 t/km^2)、较低需求(2.98 万～5.97 万 t/km^2)、低需求(0～2.98 万 t/km^2)4 类进行展示(表 3.13)，结果显示面积占比最高的是低需求街道，高达 80.61%，是面积占比最低的较高需求街道的 21 倍，其他两类依次为较低需求(10.08%)和高需求街道(5.50%)，可以看出，珠江三角洲地区生态系统固碳需求差异异常明显，总体偏低。具体来看，固碳高需求街道主要集中在深圳市除坪山区和大鹏区以外的其他区的绝大部分街道，广州市的越秀区、荔湾区、天河区南部西部大部分街道、海珠区南部大部分街道、白云区南部、番禺区中部、黄埔区和增城区南部等小部分街道，香港南部，澳门南部，以及其他市的中心主城区的小部分镇街。固碳较高需求街道则零散分布在“深圳—广州—澳门”三个主要固碳高需求之间，主要包括香港西部、东莞东北部、佛山南部、中山中部。而其余区域则主要是固碳低需求街道。

表 3.13 固碳服务需求的街道统计情况

固碳需求街道情况	街道数量/个	总面积/km^2	面积占比/%
高需求	204	3059.41	5.50
较高需求	46	2121.44	3.81
较低需求	74	5608.92	10.08
低需求	318	44850.36	80.61

综上所述,固碳服务需求量的空间格局整体上呈现“深圳—广州—澳门”高,三地连接区略高,其余均低。

(2)产水服务需求

① 计算原理

采用人均耗水量需求方程评估珠江三角洲地区产水服务水需求量。人均耗水量需求方程是基于人消耗的生态系统水资源量作为产水服务的需求水平,采用人均耗水量与人口密度栅格数据的乘积表征产水服务水需求量。其中,需求方程主要考虑了研究区 2018 年各市的农业用水、工业用水、城镇公共用水、居民生活用水和生态环境用水的用水量。具体公式为:

$$D_{WP}=D_{pcwc}\times\rho_{pop} \tag{3.20}$$

$$D_{pcwc}=\frac{W_{aw}+W_{iw}+W_{upw}+W_{dw}+W_{ew}}{P_{popi}} \tag{3.21}$$

式中,D_{WP} 为研究区产水服务水需求量(t);D_{pcwc} 为栅格单元的人均用水量(t/a);ρ_{pop} 为栅格人口密度数据(人/hm^2);W_{aw} 为 2018 年珠江三角洲地区的农业用水量(t);W_{iw} 为工业用水量(t);W_{upw} 为城镇公共用水量(t);W_{dw} 为居民生活用水量(t);W_{ew} 为生态环境用水量(t);P_{popi} 为栅格单元 i 的人口数量。

② 数据来源及处理

产水服务需求评估所需数据主要包括土地利用类型数据、用水量(包括农业用水、工业用水、城镇公共用水、居民生活用水、生态环境用水)、常住人口数、人口密度栅格数据等(表 3.14)。具体所需数据来源及处理方法见表 3.14。

表 3.14 产水服务需求评估的数据来源及处理

所需数据	数据来源	初级数据	数据处理方法
土地利用栅格数据(Landuse)	中国科学院资源环境科学技术中心	中国科学院 1∶10 万比例尺的土地利用数据;空间分辨率为 30 m	利用研究区边界进行裁剪、融合和数据转栅格等处理
用水量/t	广东省水利厅《广东省水资源公报 2018》;广东省各市县区统计年鉴	农业用水;工业用水;城镇公共用水;居民生活用水;生态环境用水量(亿 m^3)	利用研究区市域和县区行政边界进行空间统计
常住人口/人	广东省统计年鉴 2019	2018 年年末常住人口数	
人口密度/(人/hm^2)	WorldPop 网站,全球高分辨率人口计划项目	全国人口密度栅格数据,空间分辨率为 100 m	根据研究区边界进行裁剪、融合等

③ 产水服务需求结果

通过人均碳用水量与人口密度的计算得到珠江三角洲地区产水服务需求量的空间分布图(图 3.20)。从整体栅格尺度上看,产水服务需求量整体为中部和南部高、向四周逐渐降低的空间分布格局,与固碳服务相似。产水服务总需求量为 2203.78 万 m^3/km^2,全区单位面积产水需求量为 397.08 万 m^3/km^2。可以看出,高值区主要集中在广州市西部、佛山市东部和东南部、深圳市沿珠江口的带状区域、东莞市和中山市的部分不连续区域等；低值区主要分布在研究区的周边城市，包括肇庆、江门、惠州大部分区域、佛山西部、珠海西部、广州东北部等。

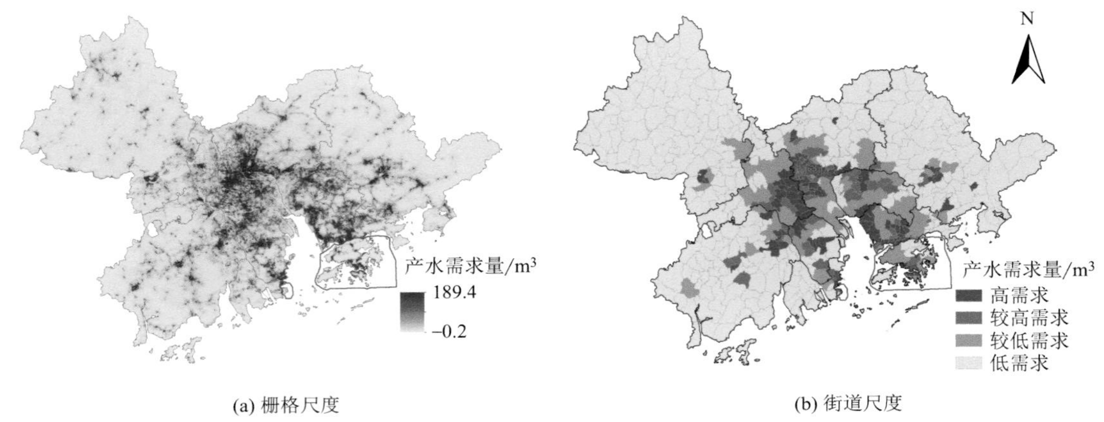

图 3.20 珠江三角洲地区产水服务需求能力空间分布图

从市域统计情况看(图 3.21)，单位面积产水需求量最高的是澳门，为 2261.68 万 m^3/km^2，其次是深圳(1012.92 万 m^3/km^2)、广州(825.14 万 m^3/km^2)、佛山、中山、东莞和香港，水需求量相差不大；单位面积产水需求量最少的是肇庆，为 115.36 万 m^3/km^2，其次是惠州(192.87 万 m^3/km^2)、江门(275.13 万 m^3/km^2)、珠海(305.65 万 m^3/km^2)。可以看出，研究区中部经济发展区的高需水量情况与周边林地占比大的区域的低需水量情况形成了明显差异。探究高值区分布的原因，一是大部分区域是各市主城区的分布区域，城市建设用地占比大，人口高度密集，住房密集，工业和服务业等产业较为集中，因此城镇生活用水量、居民生活用水量和工业用水大；二是大片沿珠江流域两岸分布的农业发展区域需要用到的农业用水量和生态用水量大。其他区域需水量不高是因为人口相比较为稀疏，并且林地和草地占比大，所以具有较好的保水能力，故产水需求小。

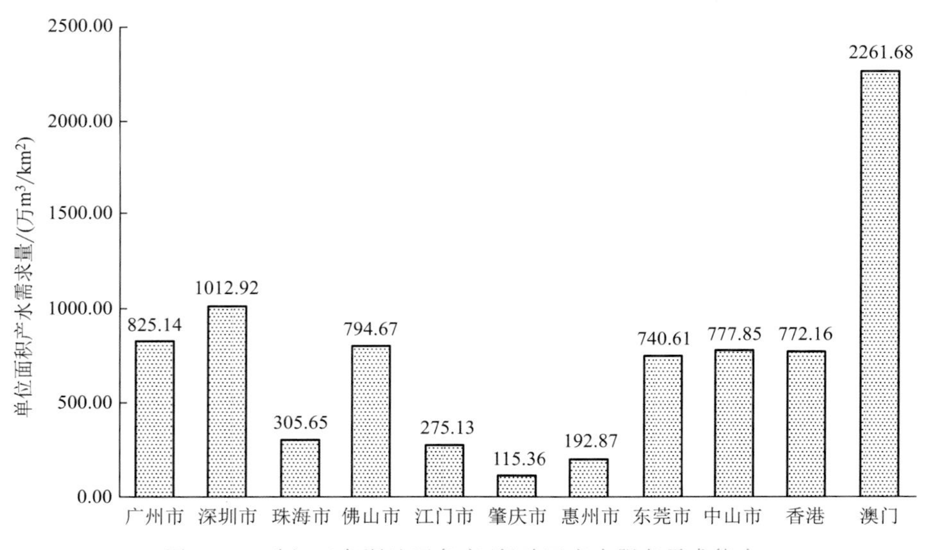

图 3.21 珠江三角洲地区各市/行政区产水服务需求能力

从街道尺度来看，产水需求的空间格局与栅格尺度的较为吻合，高需求与较高需求区域更易区分，产水需求的空间格局整体上表现为广佛相邻主城区和深圳沿珠江口区域高、中部其他区域较高、三边低。将珠江三角洲地区产水需求量进一步按照自然断点法从高到低分为高需求（1197.75 万～62684.55 万 m^3/km^2）、较高需求（791.86 万～1197.75 万 m^3/km^2）、较低需求（396.47 万～791.86 万 m^3/km^2）、低需求（0～396.47 万 m^3/km^2）4 类进行展示（表 3.15），结果显示面积占比最高的是低需求街道，高达 76.66%，是面积占比最低的较高需求街道的 18 倍多（4.17%），其他两类依次为高需求（6.84%）和较低需求街道（12.34%），可以看出，珠江三角洲地区生态系统产水需求总体偏低。具体来看，产水高需求街道主要集中在深圳宝安区、南山区中部、福田区、罗湖区西部和龙岗区东部街道，广州越秀区、荔湾区、海珠区、天河区、番禺中部、白云区和黄浦区南部小部分镇街，佛山市靠近珠江的南海区和禅城区小部分、顺德区东部镇街，澳门北部，其余市的主城区镇街；产水较高需求街道则零散分布产水高需求街道之间，而其余区域则主要是产水低需求。综上所述，产水服务需求量的空间格局整体上呈现以广佛深为中心的中部和南部高、逐渐降低向四周的空间格局。

表 3.15　产水服务需求的街道统计情况

产水需求街道情况	街道数量/个	总面积/km^2	面积占比/%
高需求	210	3803.09	6.84
较高需求	48	2318.19	4.17
较低需求	86	6867.04	12.34
低需求	298	42651.81	76.66

（3）土壤保持需求

① 计算原理

以修正土壤流失通用方程式（R_{USLE}）中的实际土壤侵蚀量作为珠江三角洲地区土壤保持服务的需求量。以实际土壤侵蚀量作为土壤保持服务需求量的依据是其考虑了土地利用方式、生物措施和工程措施等条件，并且这部分正是人类期望被治理的、期望未来能从生态系统获得的土壤保持服务（刘春芳 等，2020；刘立程 等，2019）。具体公式为：

$$R_{USLE}=R\times K\times L_S\times C\times P \tag{3.22}$$

式中，R_{USLE} 表示实际土壤侵蚀量（t）；R 表示降雨侵蚀因子 MJ·mm/（hm^2·h·a），K 表示土壤可蚀性因子 t·hm^2·h/（hm^2·MJ·mm），L_S 表示坡长坡度因子，C 表示植被覆盖和管理因子；P 表示人为管理措施因子。

② 数据来源及处理

土壤保持服务需求评估所需数据、参数及其处理方法，与 3.1.3 节土壤保持模块一致，此处不一一赘述。

③ 土壤保持服务需求结果

通过修正土壤流失通用方程式（R_{USLE}）中的实际土壤侵蚀量的计算得到珠江三角洲地区土壤保持服务需求量的空间分布图（图 3.22）。从整体栅格尺度上看，土壤保持服务需求量整体为仅西部的惠州东南角高、中部低、其余区域零散分布较高和较低土壤保持需求量的空间格局，各值之间的离散程度极高。土壤保持服务总需求量为 19.40 亿 t，全区单位面积土壤保持需求量为 3.5 万 t/km^2。可以看出，高值区的分布极少，仅分布在研究区西部的惠州市东南角、香港的部分区域、零散分布在研究区边缘区域;低值区主要集中于研究区的中部,包括佛山南部、中山北部、东莞东西北三面、深圳西部部分区域等。

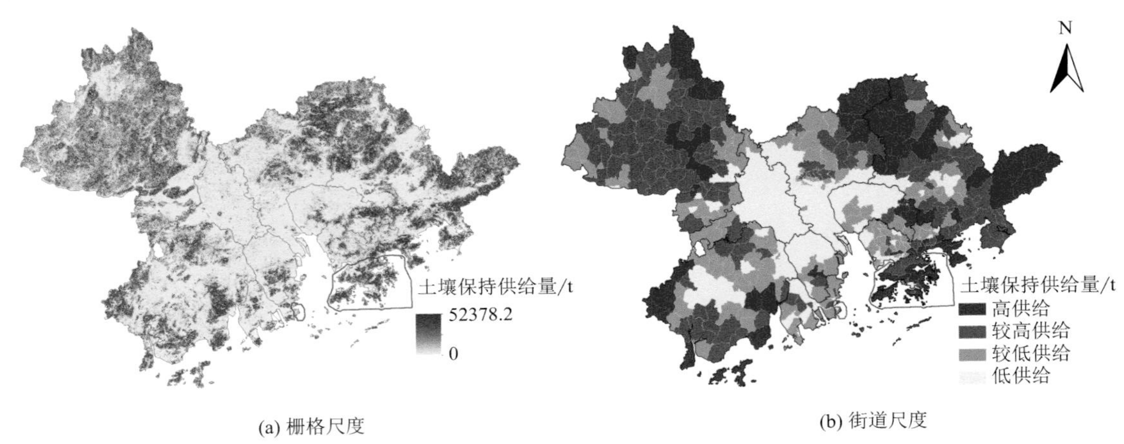

(a) 栅格尺度 (b) 街道尺度

图 3.22 珠江三角洲地区土壤保持服务需求能力空间分布图

从市域统计情况看,单位面积土壤保持需求量最高的是惠州(图 3.23),为 5.32 万 t/km^2,其次是香港(4.84 万 t/km^2)、江门(3.58 万 t/km^2)、肇庆(3.42 万 t/km^2)、东莞(3.36 万 t/km^2)、广州(2.83 万 t/km^2)、深圳(2.62 万 t/km^2)这几个相差不大的地区;单位面积土壤保持需求量最少的是澳门,为 0.15 万 t/km^2,依次是中山(1.26 万 t/km^2)和佛山(1.30 万 t/km^2)。珠江三角洲地区的土壤保持需求受地形地貌特征、植被生长状况、土壤特征和降雨量的综合影响。土壤保持需求较高的区域分布在地形较高、植被覆盖状况差、年内降水相对集中,容易造成土壤实际流失量大,因此惠州南部和江门西部是水土流失的重点区域。中部土壤保持需求低是因为珠江沿岸的植被和农作物生长状况较好、地势平坦,加上大量的建成区和居住用地阻碍了土壤侵蚀,使得实际土壤侵蚀量较小、土壤保持需求小。其余大部分的较低土壤保持需求量则是由于这些区域人口相对稀疏,林地和草地占比较大且有较多的森林和自然保护区,具有较好的泥沙截留和土壤保持能力,但地势相对较高,故土壤保持需求较小。

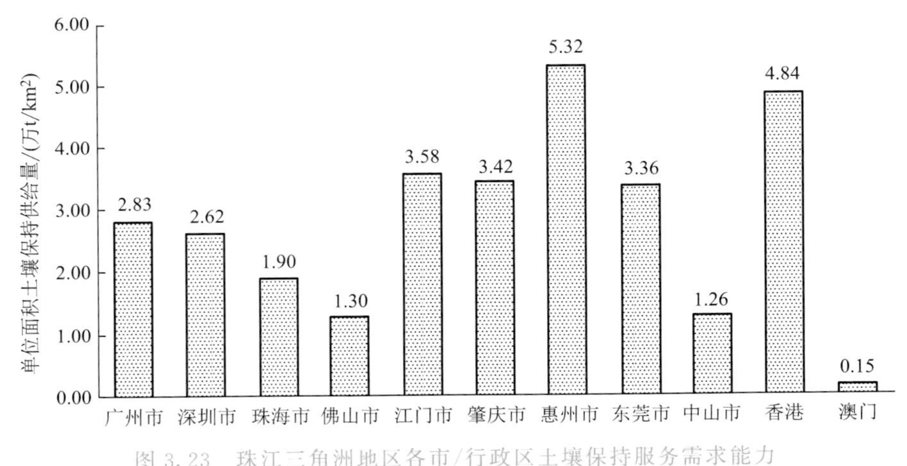

图 3.23 珠江三角洲地区各市/行政区土壤保持服务需求能力

从街道尺度来看,土壤保持需求的空间格局与栅格尺度非常吻合,能进一步表现出研究区四周林地的土壤保持需求差异，土壤保持需求的空间格局整体上仅中部低、三边大部分较低但局部区域较高的空间格局。将珠江三角洲地区土壤保持需求量进一步按照自然断点法从高到低分为高需求(14.58 万～69.63 万 t/km^2)、较高需求(5.24 万～14.58 万 t/km^2)、较低需求(0.18 万～5.24 万 t/km^2)、低需求(0～0.18 万 t/km^2)4 类进行展示(表 3.16)，结果显示面积占比最高的是较低需求街道，为 65.47%，是面积占比最低的高需求街道的 100 倍多(0.64%)，其他两类依次为低需求(21.52%)和较高需求街道(11.94%)。可以看出，珠江三角洲地区生态系统土壤保持需求总体偏低。具体来看，土壤保持高需求街道位于惠州市西部的惠阳区新圩镇和镇隆镇以及惠城区沥林镇；较高需求街道分布在惠州南部惠东县中部、广州市从化区中部、香港南部沿海区域、江门市恩平部分乡镇、肇庆全市零散分布部分乡镇；低需求街道分布在佛山大部分、广州市西部和南部、中山北部和西部、东莞北部和西部、深圳南部、珠海东部等的大部分中部镇街；研究区其余区域较多为土壤保持较低需求街道。

表 3.16　土壤保持服务需求的街道统计情况

土壤保持需求街道情况	街道数量/个	总面积/km^2	面积占比/%
高需求	13	354.35	0.64
较高需求	58	6640.65	11.94
较低需求	259	36425.64	65.47
低需求	312	11971.33	21.52

综上所述，土壤保持服务需求量的空间格局整体上呈现中部低、三周边缘大部分较低但其零散区域较高的空间格局。

3.2.3　珠三角生态系统服务供需关系研究

(1)生态系统服务供需关系研究方法

① 标准化方法

基于上述评估得到的三项生态系统服务的栅格单元供给量和需求量，需要进一步对其进行供需匹配研究，但由于不同服务的供给量与供给量、不同服务的需求量与需求量、同一服务的供给量与需求量之间，均由于单位不同或原始数据类型差异较大而无法直接进行比较。因此为了便于比较，本研究采用了供需研究领域已运用较为广泛的 Z-score 标准化方法(董潇楠，2019；刘春芳 等，2020)，对各服务的供给量和需求量数据进行无量纲化处理，以消除单位的影响、更好地观察和分析生态系统服务供需匹配类型及其关系。

Z-score 标准化方法具体公式为：

$$x = \frac{x_i - \overline{x}}{s} \tag{3.23}$$

$$\overline{x} = \frac{1}{n}\sum_{i=1}^{n} x_i \tag{3.24}$$

$$s = \sqrt{\frac{1}{n}\sum\nolimits_{i=1}^{n}(x_i - \overline{x})} \tag{3.25}$$

式中，x 为标准化后的生态系统服务供给量、需求量；x_i 为第 i 个单元的生态系统服务供给量、需求量；$\overline{x}$ 为研究区平均值；s 为研究区标准差；n 为评价单元的总数。

② 生态系统服务供需比、综合供需比

在探究珠江三角洲地区生态系统服务供给和需求之间的关系时，参考借鉴 Chen 等(2019)提出的生态系统服务供需比和综合供需比两个指标。

生态系统服务供需比(E_{SDR})以栅格单元为计算单位，通过计算生态系统服务的实际供给和人类需求的内在联系来表征供需的盈余或赤字状态。具体公式为：

$$E_{SDR}=\frac{SD}{(S_{max}+D_{max})/2} \tag{3.26}$$

式中，E_{SDR} 为生态系统服务供需比，若 $E_{SDR}>0$，表明该项生态系统服务供给>需求(盈余)；若 E_{SDR} 接近 0，表明该项生态系统服务供需平衡；若 $E_{SDR}>0$，表明该项生态系统服务供给>需求(赤字)。S 为各项生态系统服务的供给量；D 为各项生态系统服务的需求量；S_{max} 为各项生态系统服务供给量的最大值；D_{max} 为各项生态系统服务需求量的最大值。

在衡量单项生态系统服务供需关系的基础上，采用生态系统服务综合供需比(C_{ESDR})进一步了解研究区生态系统服务供需的整体水平。具体公式为：

$$C_{ESDR}=\frac{1}{n}\sum_{i=1}^{n}E_{SDRi} \tag{3.27}$$

式中，E_{SDRi} 为各项生态系统服务供需比，n 为生态系统服务的类数，本研究 $n=3$，分别是固碳服务、产水服务土壤保持服务。

(2)固碳服务供需关系

基于 Z-score 标准化后的固碳服务供给量和需求量，采用供需比方法计算得到珠江三角洲地区固碳服务供需匹配的空间分布图(图 3.24)。珠江三角洲地区固碳服务的全区供需比平均值为−0.00246，数量上呈现区域固碳需求略大于供给的态势。从整体栅格尺度上看，固碳服务供需比匹配结果体现出较强的异质性，固碳服务供需比在总体上呈现以深广佛莞的中心城区供不应求最严重、赤字区由此四市中心城区向四周扩散。

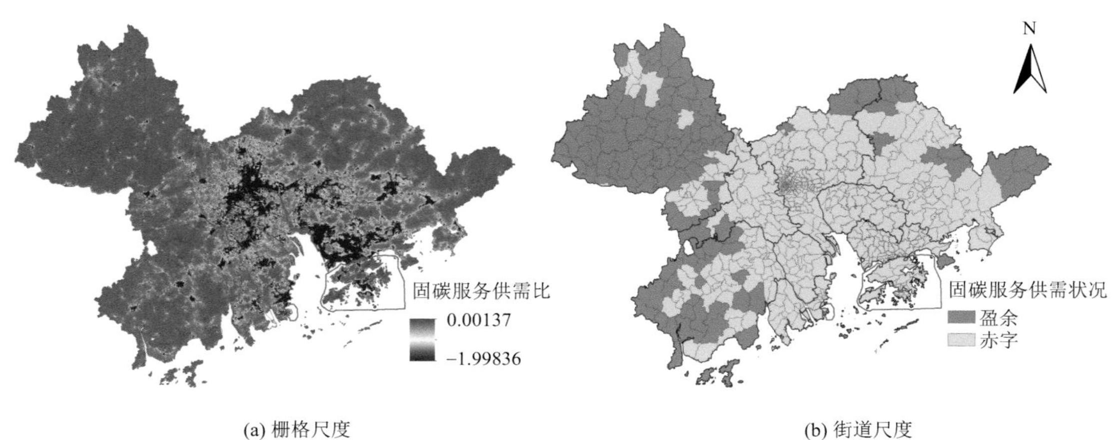

图 3.24 珠江三角洲地区固碳服务供需比空间分布图

从市域统计情况具体来看(图 3.25)，固碳供需比由高到低依次为肇庆、江门、惠州、佛山、中山、珠海、东莞、广州、香港、澳门、深圳，供需比数值分别为 0.00013、−0.00053、−0.00147、−0.00309、−0.00352、−0.00419、−0.00559、−0.01046、−0.01059、−0.01609。可以看出，只有肇庆市固碳服务为供大于求状态(供需比>0)，其他区域均为供不应求(供需比<0)，而深

圳市的供需比值最低，是肇庆市的123倍，是赤字情况最严重的江门市的30倍。

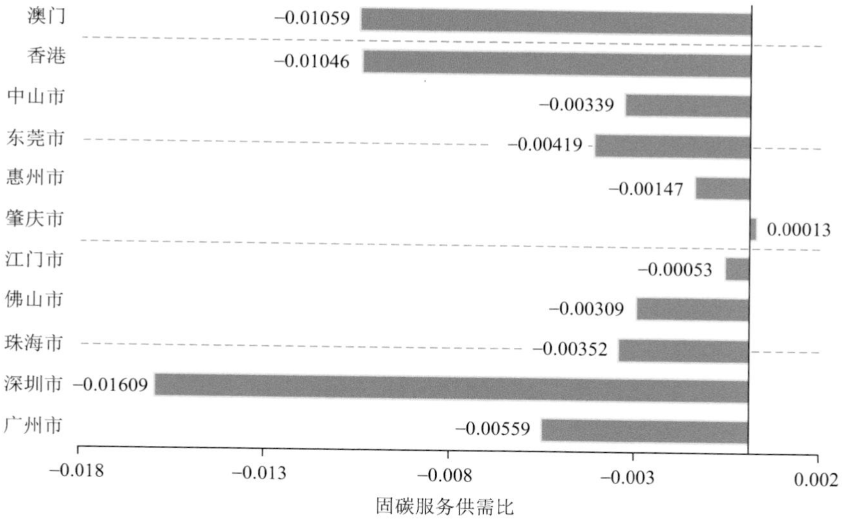

地区	固碳服务供需比
澳门	−0.01059
香港	−0.01046
中山市	−0.00339
东莞市	−0.00419
惠州市	−0.00147
肇庆市	0.00013
江门市	−0.00053
佛山市	−0.00309
珠海市	−0.00352
深圳市	−0.01609
广州市	−0.00559

图3.25 珠江三角洲地区各市/行政区固碳服务供需比

进一步从街道尺度上看，由于几乎没有供需比为0的平衡区和方便后续构建生态系统空间管控分区，将供需匹配情况划分为盈余和赤字两类，另外两种服务一样。研究区60%左右的区域固碳供需比小于0，说明珠江三角洲地区60%左右的区域固碳服务供不应求，为赤字区。具体来看，供不应求的赤字区，有493个镇街，面积占比为59.88%，主要分布在研究区中部和东部，且分布高度集中，主要分布在深圳、香港、澳门、除从化区良口镇和吕田镇外的广州市、东莞、珠海、中山、除高明区杨合镇和更合镇外的佛山、除惠东县龙门县惠城县的部分乡镇外的惠州、江门东部、肇庆南部小部分镇街。究其原因，一方面是因为以深广佛莞为核心城区的中部区域，区内有大量的城镇建设用地，工业化程度高、人口密度和人类活动强度大，导致碳排放量大；另一方面，区内缺少足够的成片高植被覆盖度的生态功能用地，生态系统固碳能力较低，造成固碳服务供需赤字。值得注意的是，中部的边缘区和东部，虽然人口密度、人类活动强度较中部低，但分布了较多的农业区，因此碳固持服务需求比中部低、比肇庆与江门高。另外，供大于求的盈余区，有131个镇街，面积占比为40.12%，主要分布在除南部小部分镇街外的肇庆、江门北部和中西部、广州市从化区良口镇和吕田镇、惠州东部极少乡镇，这些区域有较多的林地，植被覆盖率高，人口相对较少，人类活动少，因此固碳供需状况较好。总体来看，珠江三角洲地区固碳服务大部分区域属于需求略大于供给，整体空间格局为大片中部区域赤字、西部和东部略有盈余。

(3)产水服务供需关系

基于Z-score标准化后的固碳服务供给量和需求量，采用供需比方法计算得到珠江三角洲地区产水服务供需匹配的空间分布图(图3.26)。珠江三角洲地区产水服务的全区供需比平均值为−0.00171，高于固碳服务，数量上呈现区域产水需求略大于供给的态势。从整体栅格尺度上看，产水服务供需比匹配结果体现出比固碳服务较弱的异质性，产水服务供需比在总体上呈现中部区域呈带状的区域低、由低中心向四周的高供需比扩散，整体空间格局与固碳服务相似。

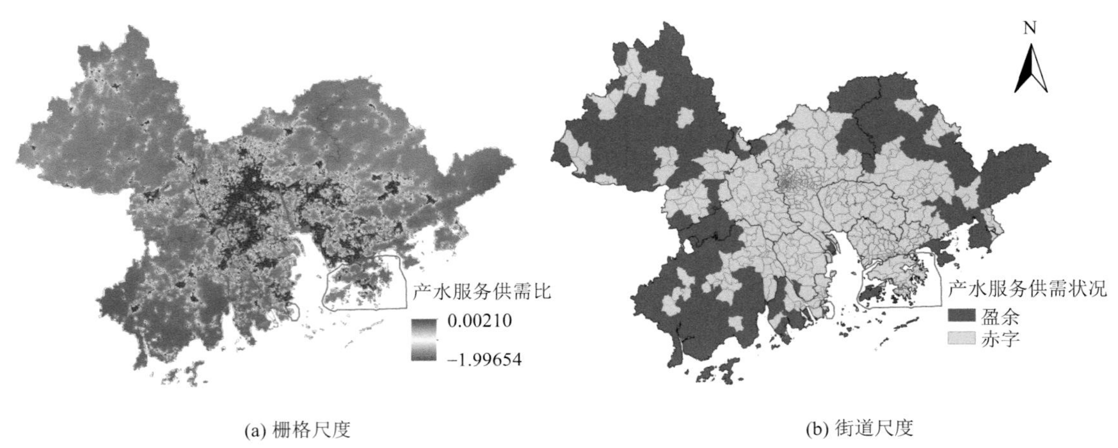

(a) 栅格尺度　　(b) 街道尺度

图 3.26　珠江三角洲地区产水服务供需比空间分布图

从市域统计情况具体来看(图 3.27),产水供需比由高到低依次为肇庆市、惠州市、江门市、珠海市、东莞市、中山市、佛山市、香港、广州市、深圳市、澳门,供需比数值分别为−0.00006、−0.00044、−0.00048、−0.00086、−0.00391、−0.00413、−0.00425、−0.00432、−0.00467、−0.00578、−0.01867。可以看到的,产水供需比指数均为负数,这就说明各市/行政区的保水能力低于平均用水能力,即珠江三角洲地区产水服务供需状况整体较差。其中需要特别说明的是,对于研究区边缘地区——肇庆、江门和惠州,特别是在其林地地类上,虽然其产水服务较低,但是因为人口稀疏、人类活动影响不大,所以需水量也低,其产水供需比数值仅略小于 0,基本上是供需平衡。除了澳门的供需比异常低以外,其余几个中部和南部的城市情况相差不大。

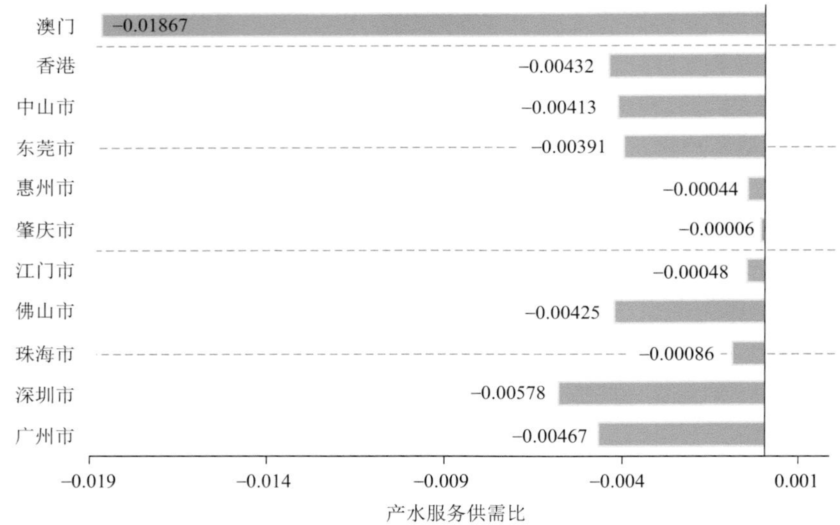

图 3.27　珠江三角洲地区各市/行政区产水服务供需比

进一步从街道尺度上看,研究区 50%左右的区域产水供需比小于 0,说明珠江三角洲地区有一半左右的区域产水服务供不应求,为赤字区。具体来看,供不应求的赤字区,有 463 个镇街,面积占比为 49.23%,在中部地区具有高度聚集性,东部和西部分布较分散,主要分布在澳门、深圳(大鹏区除外)、广州(东北部除外)、香港(高乌区除外)、佛山(高明区除外)、中山、东莞、珠海东部、惠州西部、江门和惠州的小部分镇街。这些赤字区虽然产水服务供给较高，但其主要是珠江三角洲地区主要的人口分布和工业集聚区，居民用水量、城镇用水量和工业用水均很高，加上处于珠江下游的细沙富水性较差，因此产水服务需求能力比供给强得多。另外，对于供大于求的盈余区，有 131 个镇街，面积占比为 40.12%，主要分布在肇庆、江门、惠州东部等城镇化建设较慢，但海拔较高、年内降雨量大且年蒸发量小、有大面积林地且居民活动和工业布局较少的区域，其产水供需比较高。

总体来看，珠江三角洲地区产水服务属于需求略大于供给，整体空间格局为中部赤字、西部和东部盈余，部分区域接近供需平衡。

(4)土壤保持服务供需关系

基于 Z-score 标准化后的土壤保持服务供给量和需求量，采用供需比方法计算得到珠江三角洲地区土壤保持服务供需匹配的空间分布图(图 3.28)。珠江三角洲地区土壤保持服务的全区供需比平均值为−0.00028，均高于产水服务和固碳服务，数量上仍然呈现出区域土壤保持需求略大于供给的态势。从整体栅格尺度上看，土壤保持服务供需比匹配结果在空间分布上表现为中部大范围供需比较低、四周边缘较高、少数过渡区域供需平衡，空间格局与产水服务和固碳服务均相似但其分布更零散。

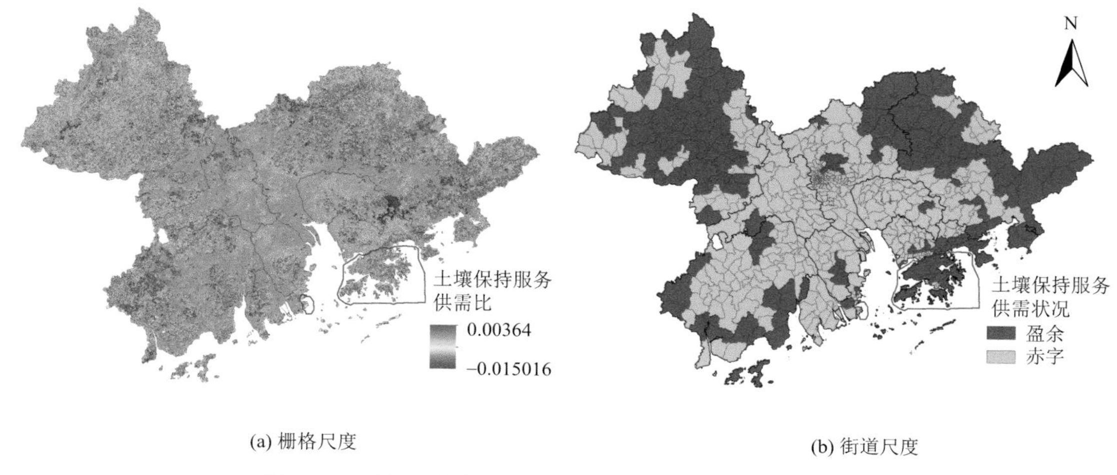

图 3.28　珠江三角洲地区土壤保持服务供需比空间分布图

从市域统计情况具体来看(图 3.29)，土壤保持供需比由高到低依次为东莞市、佛山市、中山市、澳门、珠海市、广州市、江门市、深圳市、肇庆市、惠州市、香港，供需比数值分别为−0.00566、−0.00503、−0.00364、−0.00333、−0.00249、−0.00128、−0.00117、0.00139、0.00170、0.00225、0.00871。可以看出，香港、惠州、肇庆以及深圳的供需比大于 0 且数值不小，也就是说研究区内土壤保持服务供需状况相比其他两项服务较好，尤其是香港的土壤保持供需比异常高。另外，在其他供不应求的区域中，东莞和佛山的供需比值最低。

进一步从街道尺度上看，研究区 53%左右的区域土壤保持供需比小于 0，这说明珠江三角洲地区有一半以上的区域土壤保持服务需求大于供给，为赤字区。具体来看，供不应求的赤字区，有 454 个镇街，面积占比为 53.24%，主要分布在东莞、除高明区杨和镇外的佛山、中山四周地区、澳门、珠海、中部小部分镇街和从化区除外的广州、江门中部、南部除外的深圳、肇庆和惠州的零散乡镇。这些赤字区主要是受下垫面条件和植被覆盖的影响，一方面是由于地势较

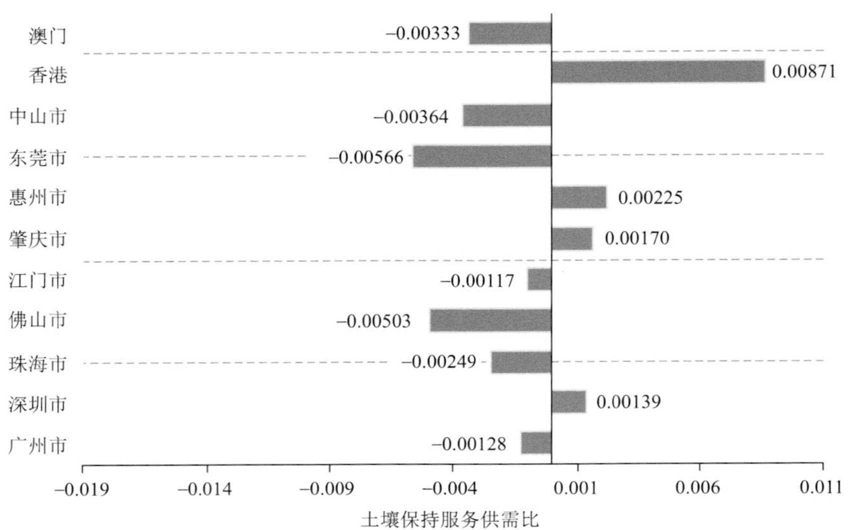

图 3.29 珠江三角洲地区各市/行政区土壤保持服务供需比

平坦的中部地区植被覆盖度低，同时研究区年内降水较大，因而土壤保持量低；另一方面是研究区四周的零散区域地表缺乏水土防护措施、年降水量变率大、实际侵蚀量较大，故土壤流失量大。另外，对于供大于求的盈余区，有 131 个镇街，面积占比为 40.12%，主要分布在香港、肇庆和惠州东部大部分镇街、江门边缘乡镇、广州中部和东北部小部分镇街、深圳南部等森林覆盖度高、多重点生态保护区和林区的区域，其土壤实际侵蚀较小且土壤保持量高，也就是水土保持状况相对较好。总体来看，珠江三角洲地区土壤保持服务有一半以上的赤字区域，整体空间格局为中部赤字、盈余区域零散分布于四周。

(5)生态系统服务综合供需比

综合三项服务的供需匹配情况，得到珠江三角洲地区 2018 年生态系统服务的综合供需比结果(图 3.30)。在供需数量上，珠江三角洲地区综合供需比的平均值为－0.00140，呈现供不应求的态势。

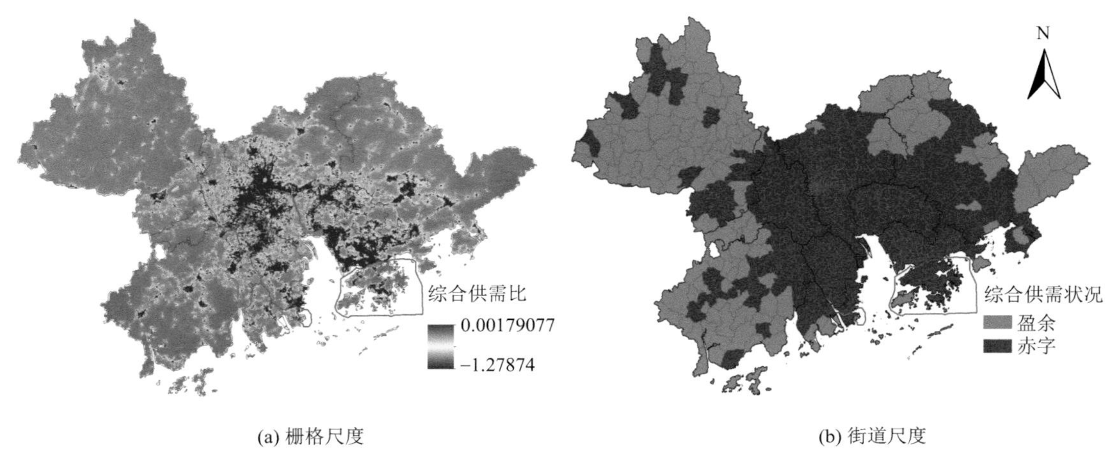

图 3.30 珠江三角洲地区生态系统服务综合供需比空间分布图

在供需空间匹配上，分多种空间尺度来看，首先从栅格尺度上，珠江三角洲地区生态系统服务供需匹配状况表现为综合供需比中部低、四周较高的空间异质性，且呈块状聚集的态势。其次，从市域统计情况具体来看(图 3.31)，综合供需比由高到低依次为肇庆市、江门市、惠州市、珠海市、佛山市、中山市、东莞市、广州市、香港、深圳市、澳门，综合供需比数值分别为 0.00002、－0.00034、－0.00065、－0.00152、－0.00245、－0.00252、－0.00271、－0.00345、－0.00512、－0.00744、－0.01067。可以看到，只有肇庆市为供大于求状态，其他区域均为供不应求，值得注意的是肇庆市、江门市和惠州市三市的综合供需比数值的绝对值均无限接近零，也就是说三市较接近供需平衡。

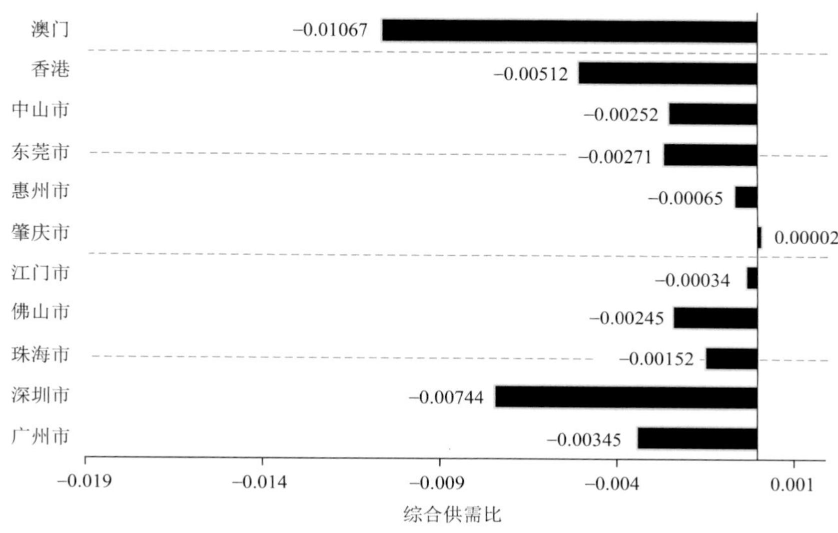

图 3.31　珠江三角洲地区各市/行政区综合供需比

进一步从街道尺度上看，为了与三项服务保持一致，继续将综合供需匹配情况划分为盈余和赤字两种情况，空间格局表现为明显的“东—中—西”三区域“盈余—赤字—盈余”分布。特别注意的是，中部经济发展区的赤字区呈大片状聚集并延伸到东部，综合供需比小于 0，说明中部和东部大多数区域是需求大于供给，为赤字区。具体来看，供不应求的赤字区，有 487 个镇街，面积占比为 53.57％，具体分布在人口密集、人类生活和生产活动影响大、植被覆盖度较低、生态环境破碎的地区，包括澳门北部、除大鹏区南澳街道外的深圳、除高鸟区外的香港、除花都区梯面镇和从化区良口镇吕田镇以外的广州、东莞、中山、除高明区外的佛山、除南部外的珠海，以及供需平衡的三市的零散乡镇；供大于求的盈余区，有 141 个镇街，面积占比为 46.43％，主要分布在生态用地保留较好、林地占比较大、人口相对稀疏的肇庆市、江门市、惠州市东部和北部小部分乡镇。这些盈余区是珠江三角洲地区重要的生态屏障，雨热同期、降水充沛、植被覆盖度处在比较高的水平，能够提供更多的生态系统服务。总的来说，珠江三角洲地区生态系统服务供需空间失衡现象较为突出。

(6)基于生态系统服务供需关系的冷热点分析

① 冷热点分析方法

生态系统服务供需视角下的珠江三角洲地区生态管理分区的识别，主要是根据生态系统服务供需关系及其冷热点分析进行展开。主要以栅格尺度和街道尺度为单位，运用 ArcGIS

软件热点分析工具，使用 Getis 和 Ord(1992)提出的 G_i^* 系数，对每个栅格上的各项生态系统服务供需比指数进行冷热点探测，探查供需匹配指数的高低值聚集程度，进而识别各项生态系统服务供需盈余热点区、供需盈余次热点区、供需相对均衡区、供需赤字冷点区、供需赤字次冷点区和不显著区。该指数具体公式为：

$$G_i^* = \frac{\sum_j^n w_{ij} x_j}{\sum_j^n x_j} \tag{3.28}$$

对 G_i^* 进行标准化处理：

$$Z(G_i^*) = \frac{G_j^* - E(G_i^*)}{\sqrt{V_{ar}(G_i^*)}} = \frac{\sum_j w_{ij} x_j - \bar{x}\sum_j^n w_{ij}}{\sqrt[z]{\frac{n\sum_j^n w_{ij}^z - (\sum_j^n w_{ij})^z}{n-1}}} \tag{3.29}$$

$$\bar{x} = \frac{\sum_j^n x_j}{n} \tag{3.30}$$

$$S = \sqrt{\frac{\sum_j^n x_j^2}{n} - (x)^2} \tag{3.31}$$

式中，$V_{ar}(\ )$为方差，w_{ij} 为斑块 i 与斑块 j 之间的空间权重矩阵，x_j 为斑块 j 的属性值，$\bar{x}$ 为所有属性值的平均值，n 为总的斑块数。

在识别各项生态系统服务供需关系的冷热点区的基础上，统计区域的各项生态系统服务供需冷热点的类型和数量，并以综合供需比的盈余或赤字状态为基础数据，构建生态管理分区体系。即根据 3 项服务及其对应的 2 种综合供需关系，将珠江三角洲地区划分为生态恢复区、生态调控区、生态控制区、生态保育区 4 大分区。

② 固碳服务冷热点分析

冷热点分析可量测各项服务的供需比指数在空间上的高、低值聚集度，其中高值集聚区为供需盈余热点区（$Z(G_i^*)>2.58$），低值集聚区为供需赤字冷点区（$Z(G_i^*)<-2.58$），其次还有供需盈余次热点区（$1.65<Z(G_i^*)\leqslant 2.58$）、供需赤字次冷点区（$-2.58\leqslant Z(G_i^*)<-1.65$）、不显著区（$-1.65\leqslant Z(G_i^*)\leqslant 1.65$）（图 3.32）。

以固碳服务供需比为基础进行冷热点分析，并对五种冷热点类型的面积及其占比进行了相应的统计。其中，除了不显著区外，固碳服务的供需盈余次热点区面积占比最大，高达 25.76%，其他冷热点类型由高到低依次为供需赤字冷点（6.70%）、供需盈余热点（6.53%）、供需赤字次冷点（1.04%）。

在空间分布上，固碳服务的供需盈余热点区和供需盈余次热点区主要位于肇庆南部、江门东北部、中山西南部，其他区域分布较零散，主要因为这些区域植被覆盖度较高、人类活动影响较中部和东南部区域的小（图 3.33）。供需赤字冷点区和供需赤字次冷点区主要位于中部和东南部，且分布较为集中，包括广州市西部、佛山东部、香港、深圳中部等这些经济发展显著的区域，其人口密度和人类活动影响最大、碳排放量高，并且区内固碳能力低下。

③ 产水服务冷热点分析

以产水服务供需比为基础进行冷热点分析，并对五种冷热点类型的面积及其占比进行了相应的统计。其中，除了不显著区外，产水服务的供需盈余次热点区面积占比最大，达 9.02%，其他冷热点类型由高到低依次为供需赤字冷点（4.38%）、供需盈余热点（4.10%）、供

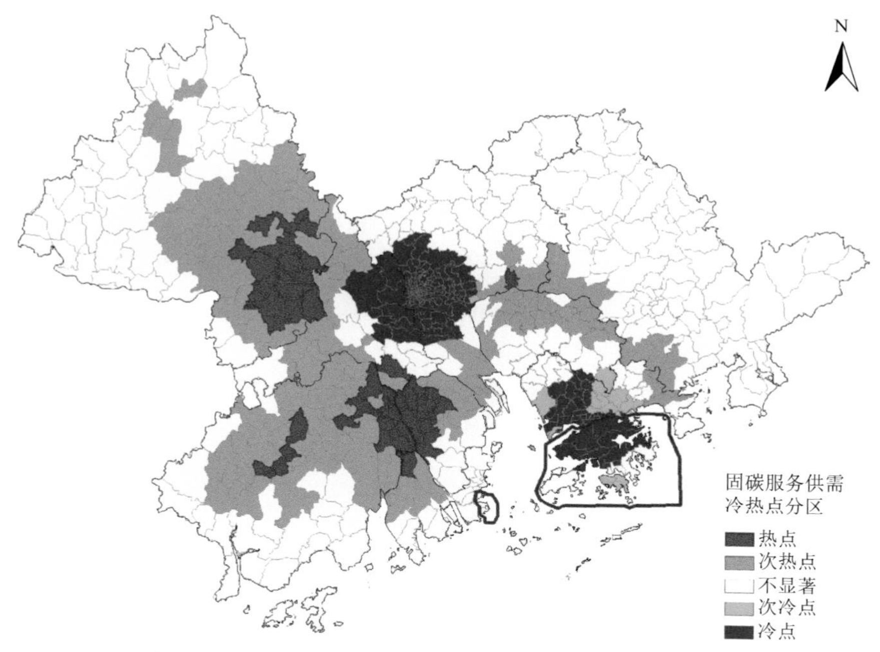

图 3.32　珠江三角洲地区固碳服务供需冷热点空间分布图

需赤字次冷点(0.68%)。在空间分布上(图 3.33),固碳服务的供需盈余热点区和供需盈余次热点区主要位于肇庆市的四会市鼎湖区附近、惠州市惠阳区西南部、东莞市东南部、珠海市斗门区东部、江门市中北部等。供需赤字冷点区和供需赤字次冷点区位于广佛相邻的主城区,主要包括广州市荔湾区、越秀区、天河区、海珠区、白云区南部、番禺区北部、黄埔区西部,佛山南海区和禅城区的东部、顺德区北部。

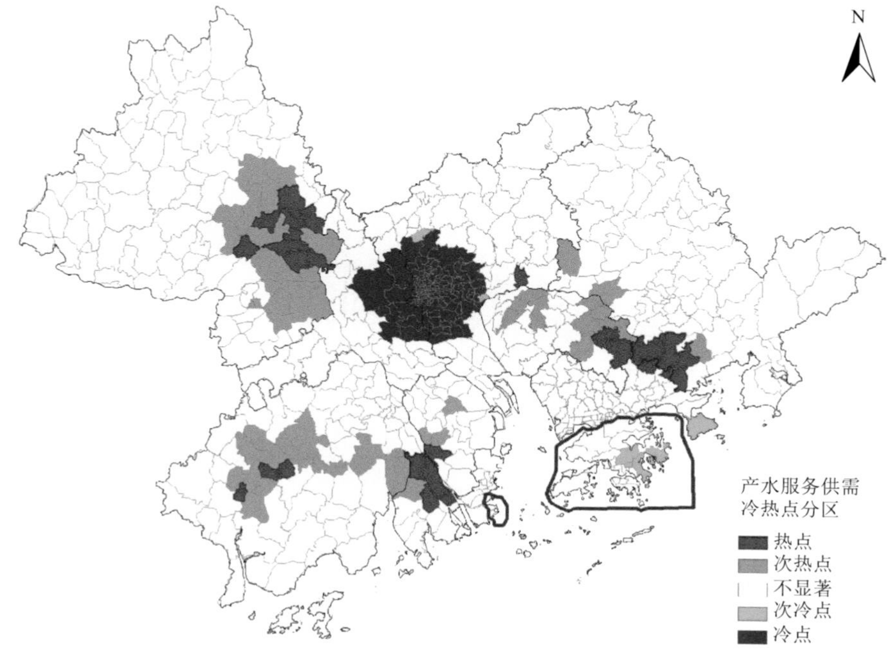

图 3.33　珠江三角洲地区产水服务供需冷热点空间分布图

④ 土壤保持服务冷热点分析

以土壤保持服务供需比为基础进行冷热点分析，并对五种冷热点类型的面积及其占比进行了相应的统计(图 3.34)。其中，除了不显著区外，土壤保持服务的供需盈余次热点区面积占比最大，达 14.02%，其他冷热点类型由高到低依次为供需盈余热点(12.49%)、供需赤字冷点(9.00%)、供需赤字次冷点(8.08%)。在空间分布上(图 3.34)，土壤保持服务的供需盈余热点区和供需盈余次热点区主要位于肇庆市广宁县、高要区北部、怀集县东南部等，惠州市龙门县、博罗县西北部，惠州市惠东县东部和南部，广州市从化区和增城区的东北部，香港，深圳市东南部，江门市南部的台山市。土壤保持的供需赤字冷点区和供需赤字次冷点区位于广州市南部，佛山南海区，禅城区和顺德区，中山市北部，东莞市东部冷点、西部次冷点，惠州市惠阳区和惠城区的东部，江门市的开平市中部和恩平市东部的小区域，珠海市金湾区东部。

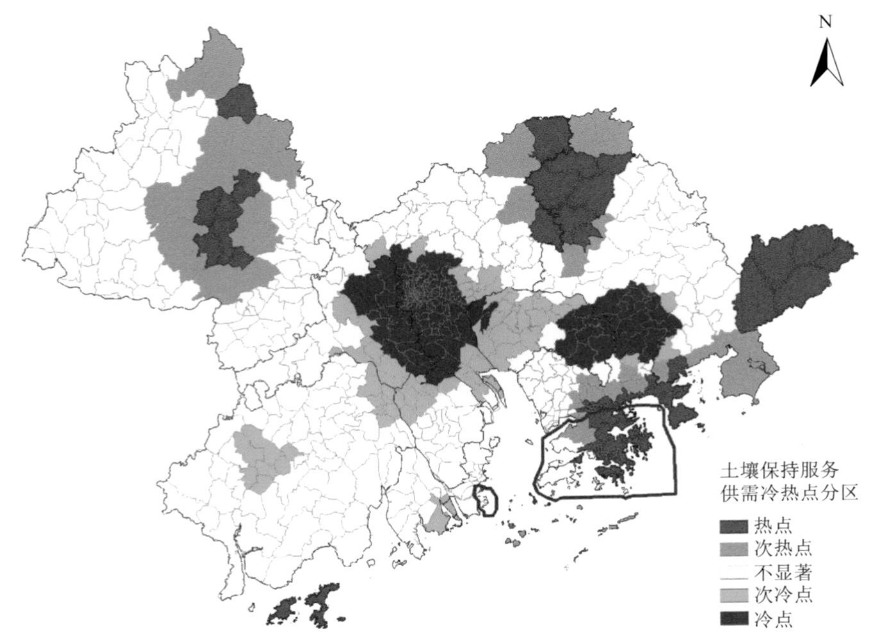

图 3.34 珠江三角洲地区土壤保持服务供需冷热点空间分布图

3.2.4 主要结论

(1)生态系统服务供给评估及分析。供给定量评估结果表明：珠江三角洲地区 2018 年固碳服务总供给量为 2.11 亿 t、产水服务总供给量为 791.80 亿 m^3、土壤保持服务总供给量为 100.10 亿 t。供给空间分析结果表明：固碳服务供给量的空间格局整体上呈现研究区四周高，向中部沿江区域不断降低的态势；产水服务呈现西南部高、东南部和中部略高、东部西部低的态势，即以江门、深圳和广州为顶点的倒“V”形；土壤保持服务呈现植被覆盖度最高的东北部和东南部高、珠江支流沿岸的中部最低的空间分布特征。

(2)生态系统服务需求评估及分析。需求定量评估结果表明：珠江三角洲地区 2018 年固碳服务总需求量为 14.50 亿 t、产水服务总需求量为 2203.78 亿 m^3、土壤保持服务总需求量为 19.40 亿 t。需求空间分析结果表明：固碳服务需求量的空间格局整体上呈现“深—广—澳”

高，三地连接区略高、其余均低；产水服务呈现以“广—佛—深”为中心的中部和南部高、逐渐向四周降低；土壤保持服务呈现中部低、三边大部分较低但其零散区域较高的空间分布特征。

(3)生态系统服务供需匹配。在供需数量上，珠江三角洲地区 2018 年固碳服务、产水服务和土壤保持服务的供需比指数平均值分别为－0.00246、－0.00171 和－0.00028，综合三项服务的综合供需比平均值为－0.00140，也就是说土壤保持服务＞产水服务＞固碳服务，三项服务数量上均表现为：对生态的需求＞生态供给能力，珠江三角洲地区整体供需匹配状况较差。在供需空间分布上，固碳服务供需匹配的空间格局表现为 60％区域的需求略大于供给，大片中部区域赤字、西部和东部略盈余；产水服务表现为 50％区域的需求大于供给，中部赤字、西部和东部盈余，部分区域接近供需平衡；土壤保持服务表现为 53％区域的需求大于供给，中部赤字、盈余区域零散分布于四周。

3.3 珠三角生态系统服务权衡和协同

3.3.1 生态系统服务权衡研究方法

(1)时间尺度

本研究以镇/区为单位，对不同时期的各项生态系统服务进行分区统计，并计算出 1995—2018 年各项生态系统服务的变化量，然后通过标准化进行去量纲处理，导入 SPSS 中进行相关性分析，最终得到产水服务、碳储服务、土壤保持服务、食物供给服务的相关系数矩阵(若某对生态系统服务之间的相关系数通过了 0.10 水平的显著性检验且相关系数为负值，则该对生态系统服务之间存在显著的权衡关系；若通过显著性检验且为正值，则该对生态系统服务为显著的协同关系)。

(2)空间尺度

在空间尺度上，本研究将利用编码分级法对生态系统服务权衡关系进行分析。编码分级法是一种通过对各项生态系统服务设定特定的叠加规则而形成的一种特殊的空间叠加方法(陈海鹏，2017)，具体操作如下。

在生态系统服务对方面，本研究以 2018 年为例，使用自然断点法对珠江三角洲地区 4 项生态系统服务进行分级，分出 1、2、3 级服务，分别代表生态系统服务值的低、中、高；然后采用空间叠置的编码分级法，对 4 项服务两两之间进行编码叠加，如在固碳与土壤保持之间，根据编码分级法在栅格计算器中输入“固碳×10＋土壤保持”公式，生成的两位数编码序列有 11、12、13、21、22、23、31、32、33，编码总是以固碳能力为第一位，土壤保持为第二位，则将 11、22、33 分为协同区，21、31、32 分为权衡区①优于固碳，12、13、23 分为权衡区②优于土壤保持。其余的生态系统服务对也同理。

在生态系统服务簇方面，根据编码分级法可得“固碳×1000＋土壤保持×100＋产水×10＋食物供给”计算公式，输出的编码序列在 1111 和 3333 之间，每一个序列是 1、2、3 的任意组合，如 1231、3121、3222 等。根据权衡与协同的定义可对这些组合进行分类，从而得出珠江三角洲地区生态系统服务簇之间的权衡与协同关系空间分布信息。

3.3.2 珠江三角洲地区生态系统服务权衡关系研究

(1)时间尺度权衡关系

在一定的区域中,不同类型的生态系统服务并非独立于其他服务而存在,而是具有权衡与协同的作用与关系。本研究采用相关分析法研究珠江三角洲地区四类生态系统服务的权衡与协同关系,以正相关系数和负相关系数作为判别服务之间的权衡与协同关系标准,用相关系数的大小判断服务权衡与协同的强弱程度。当相关系数为正且通过信度 0.01 的显著性检验的情况下,两种生态系统服务为协同关系,反之为权衡关系。本节以市域/行政区为单位,对不同时期的各项生态系统服务进行分区统计,并计算出 1995—2005 年、2005—2018 年、1995—2018 年三个时间段各项生态系统服务的变化量。同时通过标准化进行去量纲处理消除各项数据之间的量纲关系,然后将各项生态系统服务的变化值进行相关性分析,最终得到产水服务、固碳服务、土壤保持服务、食物供给服务两两之间的相关系数矩阵。1995—2005 年、2005—2018 年、1995—2018 年三个时间段各生态系统服务相关性系数如图 3.35 所示。

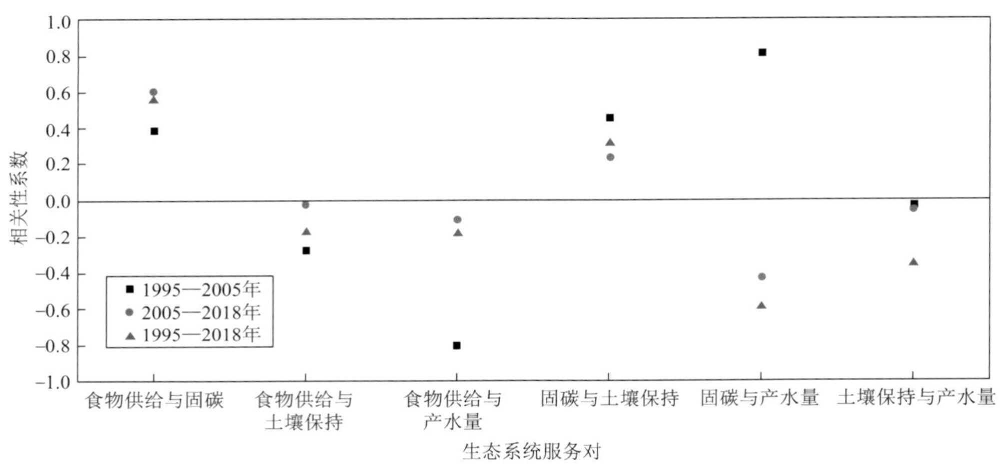

图 3.35 珠江三角洲地区生态系统服务时间相关性变化

珠江三角洲地区 4 项生态系统服务的动态相关性在三个时段中差异较大。食物供给与土壤保持、固碳与产水服务、土壤保持与产水服务三对生态系统服务在 1995—2018 年间权衡与协同关系发生变化,其余未发生变化(表 3.17,表 3.18,表 3.19)。由表 3.17 可知,在 1995—2005 年间,食物供给与固碳、土壤保持与固碳、固碳与产水服务之间相关系数均为正,并通过了信度 0.01 的显著性检验,表明这三对生态系统服务之间具有明显的协同关系;而食物供给与土壤保持、食物供给与产水、产水与食物供给之间相关系数均为负,并通过了信度 0.01 的显著性检验,表明这三对生态系统服务之间具有明显的权衡关系。

表 3.17 珠江三角洲地区 1995—2005 年 4 项生态系统服务相关性分析及权衡/协同关系

生态系统服务	食物供给服务	固碳服务	土壤保持服务	产水服务
食物供给服务	1	0.387**	−0.277**	−0.813**
固碳服务	0.387**	1	0.452**	0.810**

续表

生态系统服务	食物供给服务	固碳服务	土壤保持服务	产水服务
土壤保持服务	−0.277**	0.452**	1	−0.034
产水服务	−0.813**	−0.810**	−0.034	1

注：**表示在 0.01 水平(双侧)上显著相关。

表 3.18　珠江三角洲地区 2005—2018 年 4 项生态系统服务相关性分析及权衡/协同关系

生态系统服务	食物供给服务	固碳服务	土壤保持服务	产水服务
食物供给服务	1	0.605**	−0.021	−0.11
固碳服务	0.605**	1	0.235*	−0.426**
土壤保持服务	−0.021	0.235*	1	−0.051
产水服务	−0.11	−0.426**	−0.051	1

注：**在 0.01 水平(双侧)上显著相关；*在 0.05 水平(双侧)上显著相关。

表 3.19　珠江三角洲地区 1995—2018 年 4 项生态系统服务相关性分析及权衡/协同关系

生态系统服务	食物供给服务	固碳服务	土壤保持服务	产水服务
食物供给服务	1	0.551**	−0.176	−0.186
固碳服务	0.551**	1	0.316**	−0.594**
土壤保持服务	−0.176	0.316**	1	−0.361**
产水服务	−0.186	−0.594**	−0.361**	1

注：**在 0.01 水平(双侧)上显著相关。

在 2005—2018 年间，食物供给与固碳、固碳与土壤保持的关系与 1995—2005 年间相同，均为协同关系，且食物供给与固碳之间相关系数增大，表明两者之间的协同关系增强，但固碳与土壤保持之间的相关系数只通过了信度 0.05 的显著性检验，说明两者在 2005—2018 年间的协同关系有所减弱；而产水与固碳两者间也保持着权衡关系，但相关系数由−0.813 变为−0.426，这表明产水与固碳两者间的权衡关系正在减弱；食物供给与土壤保持、食物供给与产水之间则有 1995—2005 年间的权衡关系变为无显著相关，即权衡与协同关系不明显。

在 1995—2018 年近 23 年间，食物供给与固碳、固碳与土壤保持之间相关系数均为正，两两之间存在协同关系；固碳与产水、土壤保持与产水之间相关系数均为负，两两之间存在权衡关系。其中，固碳和产水之间的负相关系数值最大，为−0.594，也通过了信度 0.01 的显著性检验，说明固碳和产水之间具有较强的权衡关系。这与大多数的研究结果相反，如潘竟虎等(2017)在对嘉峪关—酒泉地区的研究中发现固碳与产水服务两者之间具有显著的协同关系；钱彩云等(2018)研究甘肃白龙江时也发现固碳与产水服务具有较高的协同关系(相关系数达 0.621)。从土地利用变化视角分析，造成这种差异的主要原因是：珠江三角洲地区是我国最发达、经济增速最快的地区之一，其产水服务增益的地区与固碳减损的地区大致相同，均为城市化进程和经济发展较快的中部地区。因此，随着经济发展和人口增长的需要，珠江三角洲地区大量的林地、耕地和草地转移到建设用地，从而增加了城区中不透水地面的面积，改变水量平衡，减少降水入渗，产水服务增加；而林地、草地和耕地面积的减少也使得固碳能力发生下降。

由以上结果可知，林地、草地、耕地和建设用地之间的动态变化，是珠江三角洲地区 4 种生态系统服务间的权衡与协同关系形成的主要驱动因素。例如，林地与草地面积的增加既能增强区域的固碳能力也能促进土壤保持，所以两者具有协同作用；而林地、耕地的减少，并大量向建设用地转移，会导致区域内产水服务增加，但固碳能力和土壤保持能力却呈下降趋势，这也体现了区域经济发展与生态环境之间的矛盾。所以，在短期内，如果只牺牲大面积的林地和耕地来促进城市化的发展，盲目扩大建设用地，就会造成生态系统服务之间的冲突不断增加，对区域内的生态效应产生极大的负面影响。

（2）空间尺度权衡关系

通过编码分级法，空间化表达出珠江三角洲地区 4 项生态系统服务两两之间的权衡与协同关系。珠江三角洲地区 4 项生态系统服务权衡与协同关系空间分布如图 3.36 所示。

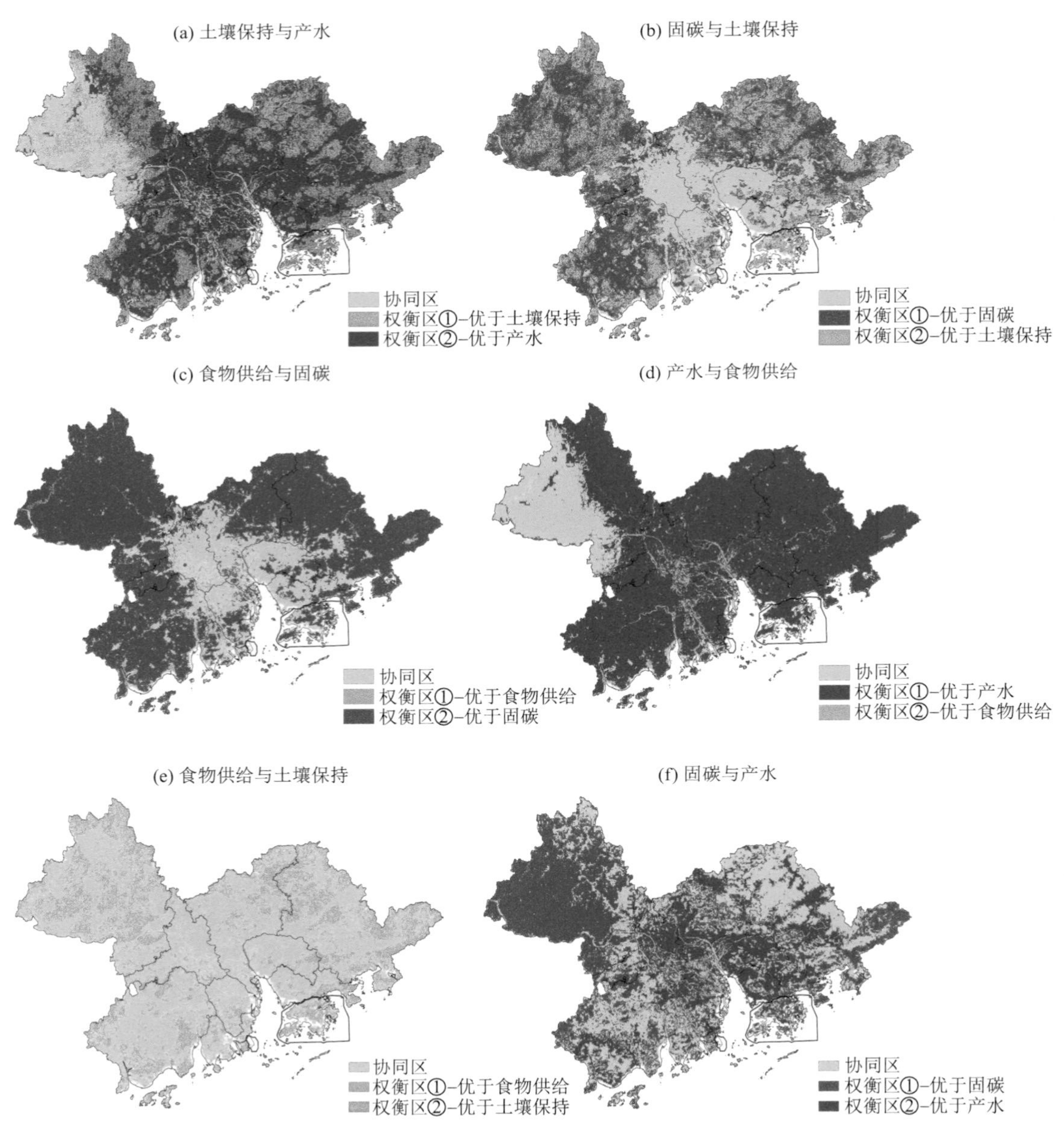

图 3.36 珠江三角洲地区生态系统服务对权衡与协同关系空间分布图

在土壤保持与产水的空间权衡与协同关系中(图 3.37),权衡关系面积占比为 76.43%,协同关系面积占比为 23.57%,表明两者间主要呈现为权衡关系。而在整个珠江三角洲地区内,土壤保持与产水之间的协同关系分布于区域的西北部和东部小部分区域;权衡关系中优于产水服务的面积占比达 61.05%,分布于整个研究区内,可见产水服务在两者间的相互关系中占绝对优势;权衡关系中优于土壤保持的面积占比为 15.38%,集中分布于区域西北部和零散分布于东南部和南部地区。

在固碳与土壤保持的空间权衡与协同关系中(图 3.37),空间上两者之间的权衡关系面积占比为 59.48%,协同关系面积占比为 40.52%,表明全区固碳与土壤保持主要呈现为权衡关系。珠江三角洲地区的固碳与土壤保持的协同关系主要分布于区域的中部;权衡关系中优于固碳服务的主要分布与研究区的东部和西部,且面积占比达 54.43%,说明固碳与土壤保持两者之间的相互关系中,固碳服务占绝对优势;而土壤保持的面积占比仅为 5.05%,分布较为零散。

在食物供给与固碳的空间权衡与协同关系中(图 3.37),空间上两者之间的权衡关系面积占比为 79.20%,协同关系面积占比为 20.80%,表明全区食物供给与固碳之间主要为权衡关系。食物供给与固碳之间的协同区主要位于珠江三角洲地区的中部区域;权衡关系中优于食物供给的面积占比仅为 5.10%,只有分布于中部和南部小部分区域;而权衡关系中优于固碳的面积占比达 74.10%,分布于研究区的东部和西部大部分区域,说明固碳服务在两者之间占绝对优势。

在产水与食物供给的空间权衡与协同关系中(图 3.37),两者之间的权衡关系面积占比为 84.38%,协同关系面积占比为 15.62%,表明全区产水与食物供给主要呈现为权衡关系。产水与食物供给的协同区位于区域的西北部;权衡关系中优于产水的面积占比达 79.20%,分布于整个研究区内,可见在产水与食物供给两者之间的相互关系中,产水服务占绝对优势;而权衡关系中优于食物供给的面积占比仅占 5.18%,只有分布于中部和南部小部分区域。

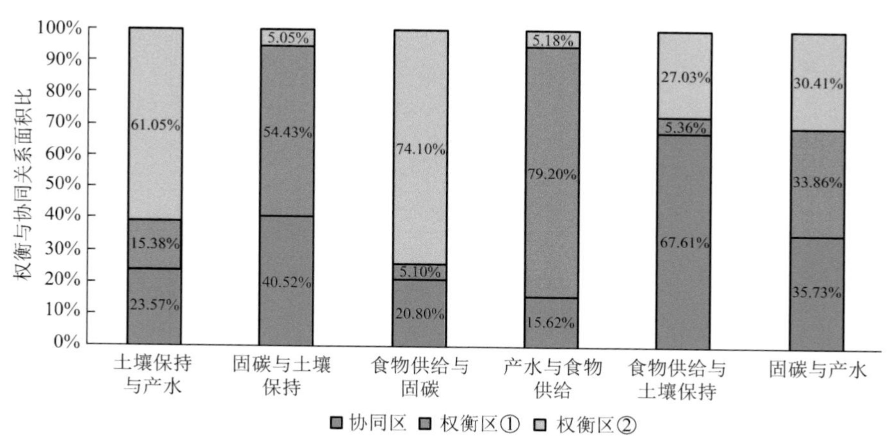

图 3.37　珠江三角洲地区生态系统服务权衡与协同关系面积占比

在食物供给与土壤保持的空间权衡与协同关系中(图 3.37),两者之间的权衡关系面积占比为 32.39%,协同关系面积占比为 67.61%,表明全区食物供给与土壤保持主要呈现为协同关系。食物供给与土壤保持的协同关系分布于整个区域内;而权衡关系中优于土壤保持的面积占比为 27.03%,零散分布于区域中的西北部、东部和南部;权衡关系中优于食物供给的面积占比仅为 5.36%,只分布于中部和南部小部分区域。

在固碳与产水的空间权衡与协同关系中(图 3.37),两者之间的权衡关系面积占比为 64.27%,协同关系面积占比 35.73%,表明全区固碳与产水主要呈现为权衡关系。固碳与产水的协同关系分布于区域的东部、西南部和西北部小部分区域;权衡关系中优于固碳的面积占比为 33.86%,主要分布于西部和东部小部分区域;而权衡关系中优于产水的面积占比为 30.41%,分布于研究区域的中部和西南部。

3.3.3 不同情景下珠江三角洲地区生态系统服务评估与权衡分析

(1)珠江三角洲地区土地利用类型情景模拟

① 情景设置与模拟方法

在基于神经网络的出现概率计算模块中,根据珠江三角洲地区的情况,选取 DEM、坡度、坡向、人口、GDP、到市中心的距离、到铁路的距离 7 种因素作为土地利用变化的驱动力因子,计算珠江三角洲地区的适宜性概率。同时,为了验证模型训练参数以及模拟结果的准确性,利用 2010 年珠江三角洲地区土地利用类型图对 2018 年的土地利用情况进行模拟,并将 2018 年珠江三角洲地区的实际土地利用类型数据与模拟结果进行对比,计算 Kappa 系数与总精度。通过表 3.20 的混淆矩阵可知,2018 年珠江三角洲地区的实际土地利用类型图与模拟结果的 Kappa 系数为 0.7464,总精度达 84.20%,模拟结果良好,说明 GeoSOS-FLUS 对珠江三角洲地区土地利用变化模拟具有适用性。

表 3.20 珠江三角洲地区 2018 年土地利用模拟结果转移矩阵

		2018 年真实土地利用类型					
		耕地	林地	草地	水域	建设用地	未利用地
2018 年模拟土地利用类型	耕地	1799	186	17	16	227	0
	林地	170	2605	5	7	16	0
	草地	8	1	25	1	19	0
	水域	27	8	0	249	10	0
	建设用地	249	3	9	9	587	0
	未利用地	0	2	0	0	1	3
	总计	2253	2805	56	282	860	3
Kappa 系数:0.756 总精度:84.20%							

以珠江三角洲地区 2018 年土地利用数据为基础数据,设定自然情景、规划情景和生态保护情景 3 个情景,具体情景设置规则见表 3.21。

表 3.21 不同情景下珠江三角洲地区土地变化规则

情景类型	情景描述
自然情景	土地利用变化以 2010—2018 年的变化速率为依据
规划情景	根据珠江三角洲地区各市/行政区的 2005—2020 年土地利用总体规划,统计到 2020 年林地、耕地以及建设用地等土地利用类型的面积控制范围,根据范围值设置模拟到 2020 年土地利用面积转移矩阵,并在此转换概率的基础上模拟 2030 年的土地利用类型
生态保护情景	在该情景设定中对林地、耕地、水体和草地四种重要的生态用地类型的转换概率进行调整,设置林地、耕地和草地转换为建筑用地的面积降低 10%,禁止水体转换为建筑用地,生态系统服务高值区禁止土地利用类型转换

② 不同情景土地利用模拟结果

根据预测模型，可得珠江三角洲地区2030年三种不同情景下土地利用类型空间分布情况(图3.38)。从图3.38中可知，三种情景下土地利用类型空间分布大致相同，林地主要分布于珠江三角洲地区的西部、西北部和东部地区，而耕地则多分布于珠江三角洲地区的中部、西南部及东部地区，建设用地多集中分布于珠江三角洲地区城镇化水平较高的中部地区。

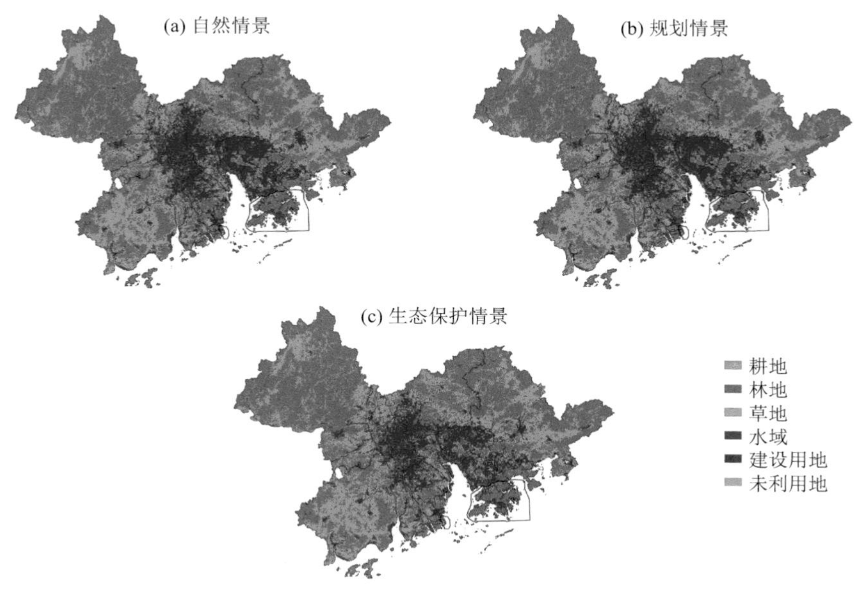

图3.38 不同情景下珠江三角洲地区土地利用空间分布

在自然情景中(表3.22)，珠江三角洲地区的优势地类是林地，面积达26171.46 km^2，占整个研究区的45.27%，其次是耕地，面积为19277.46 km^2，占总面积的33.35%，建设用地则占14.46%。由于自然情景的设置是基于2010—2018年的土地利用变化速率，与2018年土地利用情况相比，耕地、草地、水域均呈下降趋势，分别减少了1001.97 km^2、78.66 km^2和5.49 km^2，林地和建设用地则呈增加趋势，分别增加了255.42 km^2和831.33 km^2。由此可见，在自然情景下，林地作为生态用地虽有增加，但是按照当前的发展情况，其他的生态用地如耕地、草地等持续减少，建设用地仍然呈现出快速增长的趋势。

在规划情景下(表3.22)，林地依然是珠江三角洲地区的优势地类，面积占整个区域的45.33%，其次是耕地，占总面积的33.79%。与2018年相比，耕地减少了747.75 km^2，减少幅度低于自然情景，而建设用地增加了285.12 km^2，增幅也低于自然情景。由于规划情景的设定是以珠江三角洲地区各市/行政区的2005—2020年土地利用总体规划为依据，该情景下各地类的变化说明了各市/行政区政府有意识地对建设用地的扩张进行控制，并且对基本农田的保护严格执行，不断地对土地利用结构和空间格局进行优化，生态环境也朝着积极方向发展。

在生态保护情景下(表3.22)，林地、耕地、草地等生态用地所受到的压力减少，与2018年相比，林地和草地分别增加了433.26 km^2和22.86 km^2，耕地减少了420.39 km^2，降幅远低于自然情景和规划情景；建设用地虽有增加，但增幅也远低于自然情景和规划情景。

表 3.22　不同情景下珠江三角洲地区土地利用情况　单位:km^2

土地利用类型	2018 年	自然情景	规划情景	生态保护情景
耕地	20279.43	19277.46	19531.98	19859.04
林地	25916.04	26171.46	26201.16	26349.3
草地	568.08	489.42	396.81	590.94
水域	3514.77	3509.28	3410.01	3414.06
建设用地	7527.33	8358.66	8266.41	7592.94
未利用地	1.08	0.45	0.36	0.45

③ 不同情景下生态系统服务评估结果

根据 GeoSOS 平台模拟得到的三种不同情景下的珠江三角洲地区土地利用数据,运用 InVEST 模型、CASA 模型等评估三种不同情景下珠江三角洲地区的产水服务、固碳服务、土壤保持服务和食物供给服务,并将 2018 年的生态系统服务作为实际情景与三种模拟情景下的服务进行对比分析(表 3.23)。

表 3.23　不同情景下生态系统服务量

	产水服务	固碳服务	土壤保持服务	食物供给服务
	总量/($\times 10^8$ m^3)	总量/($\times 10^4$ g/m^2)	总量/($\times 10^8$ t)	总量/(元/km^2)
2018 年	613.51	28617.18	120.65	130.22
自然情景	616.63	28539.81	128.90	123.93
规划情景	616.73	28590.01	128.89	119.60
生态保护情景	615.27	28665.38	129.00	128.82

在三种不同情景下,珠江三角洲地区各项生态系统服务在空间分布上具有较大的差异。珠江三角洲地区的产水服务在自然情景、规划情景、生态保护情景下均呈现出中部高、东西部低的空间分布格局,并且高值由中部逐渐向外扩张;固碳服务高值区主要位于西北部、西南部和东部等植被覆盖率高的地区,低值区分布在珠江三角洲地区的中部地区;土壤保持服务高值区主要分布于东部、西北和西南部地区,而中部地区除了植被覆盖度低之外,地势也较为平坦,导致土壤保持量少;食物供给服务高值区位于珠江三角洲地区的中部,低值区则主要分布于西北和东部地区(图 3.39)。

在自然情景下,与实际情景相比,产水服务增加了 3.12×10^8 m^3,增加的区域主要位于广州市中部和东莞、深圳等地,而减少的区域空间分布则较为零散,珠江三角洲地区大部分地区产水服务保持不变;固碳服务减少了 77.37×10^4 g/m^2,但在空间上,研究区域内大部分地区保持不变,减少的区域主要位于广州市中部和佛山市北部,但分布较为零散;土壤保持服务增加了 8.25×10^8 t,研究区内中部地区保持不变,增加区域主要位于广州北部和肇庆市;食物供给服务减少了 6.29 元/km^2,研究区内保持不变的区域主要位于江门、佛山西部等地,减少区域主要位于广州市、东莞市等,增加区域较少。

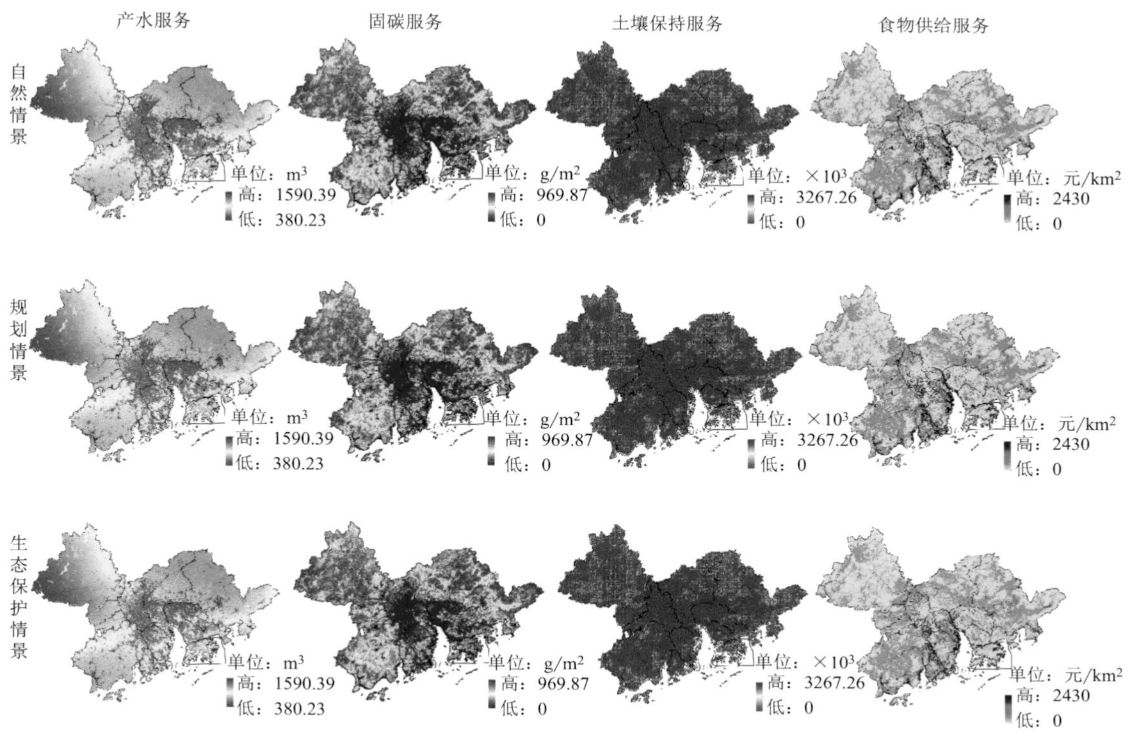

图 3.39　不同情景下珠江三角洲地区生态系统服务空间分布

在规划情景下，与实际情景相比，产水服务增加了 3.23×10^8 m³，增加的区域与自然情景下增加的区域较为一致，研究区内大部分区域产水服务保持不变；固碳服务减少了 2.72×10^5 g/m²，大部分地区保持不变，增加区域和减少区域分布于整个研究区中且较为零散；土壤保持服务增加了 8.24×10^8 t，空间分布与自然情景下一致，研究区内中部地区保持不变，增加区域主要位于广州北部和肇庆市；食物供给服务减少了 10.62 元/km²，增加区域较少，大部分区域保持不变，但江门市保持不变面积较大。

在生态保护情景下，与实际情景相比，产水服务增加了 1.76×10^8 m³，增加的区域主要也位于广州市中部和东莞、深圳等地，大部分地区产水服务保持不变；固碳服务增加了 4.82×10^5 g/m²，增加区域主要位于肇庆市和惠州市，减少区域主要分布于东莞市和深圳市，研究区内大部分区域保持不变；土壤保持服务增加了 8.35×10^8 t，空间变化与自然情景和规划情景一致；食物供给服务减少了 1.4 元/km²，空间变化保持不变的区域较大，增加与减少区域分布较为零散，分布于整个研究区内。

④ 不同情景下生态系统服务的权衡关系及综合服务效益

为了分析不同情景下各种生态系统服务的权衡关系，首先对不同情景下的生态系统服务进行标准化处理，使其数据范围位于[0,1]之间，然后分析不同情景下生态系统服务的权衡关系。同时，为了衡量生态系统服务的整体效益，本研究对标准化后的生态系统服务进行加权叠加，然后分析不同情景下研究区生态系统服务综合效益的权衡情况。

在各情景下，珠江三角洲地区的产水服务权衡关系是规划情景＞自然情景＞生态保护情景＞实际情景，说明了在四个情景中，产水服务在规划情景中是最好的，而在实际情景中最差；

固碳服务的权衡关系为生态保护情景>实际情景>规划情景>自然情景，说明生态保护情景下固碳服务最佳；土壤保持服务的权衡关系为生态保护情景>自然情景>规划情景>实际情景，说明土壤保持服务在生态保护情景下最好；食物供给服务的权衡关系为实际情景>生态保护情景>自然情景>规划情景，说明食物供给服务在当前的情境下最为合适(图 3.40)。

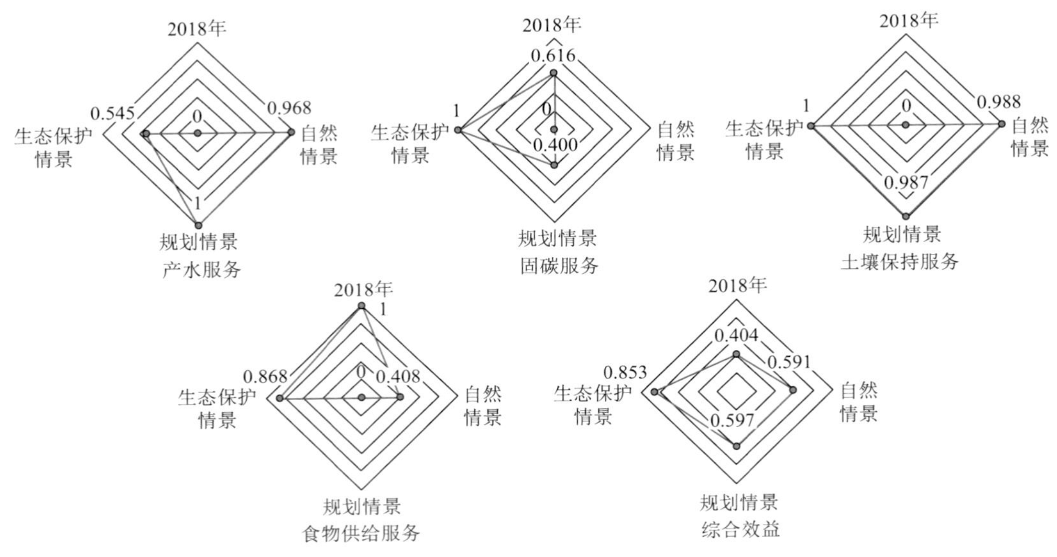

图 3.40　不同情景下珠江三角洲地区生态系统服务权衡

由上述可知，规划情景下由于建设用地比重的增加使得产水服务在四个情景中最佳，但是建设用地的增加是以耕地、林地、草地等生态用地的流失为代价，这样将会对在生态保护情景下处于最佳位置的固碳服务和土壤保持服务带来负面的影响，即规划情景下建设用地的增加使得产水能力增强但却降低了固碳能力和土壤保持能力，导致了生态系统服务之间的权衡，使研究区面临水土流失等问题。

从图 3.41 可知，珠江三角洲地区实际情景和三种模拟情景下的生态系统服务综合效益的空间分布格局较为一致。综合效益较高的地区位于珠江三角洲地区的东部，如惠州市、广州市北部和西南部的江门市，综合效益较低的区域主要分布于研究区的中部。从不同情景下的生态系统服务综合效益可看出，以 2018 年为基准，自然情景、规划情景、生态保护情景下综合效益均有所上升，可见珠江三角洲地区的生态环境是朝着一个正向方向发展。而不同情景下的综合效益权衡关系表现为生态保护情景>规划情景>自然情景>实际情景，也说明了生态保护情景下更利于珠江三角洲地区生态系统服务的发展。

3.3.4　主要结论

(1)在研究期间，林地和耕地一直是珠江三角洲地区中的优势地类，其次是建设用地。在 1995—2018 年间，耕地、林地、草地、水域均呈减少趋势。其中，耕地面积减少最大，建设用地增加面积最大。受人口的增长、经济转型以及相关政策的影响，土地利用类型之间的相互转化主要发生在草地、耕地、建设用地、林地与水域之间，未利用土地的转化较少。

(2)珠江三角洲地区的产水服务在空间分布中具有中部高、东西部低的特点；在 1995—

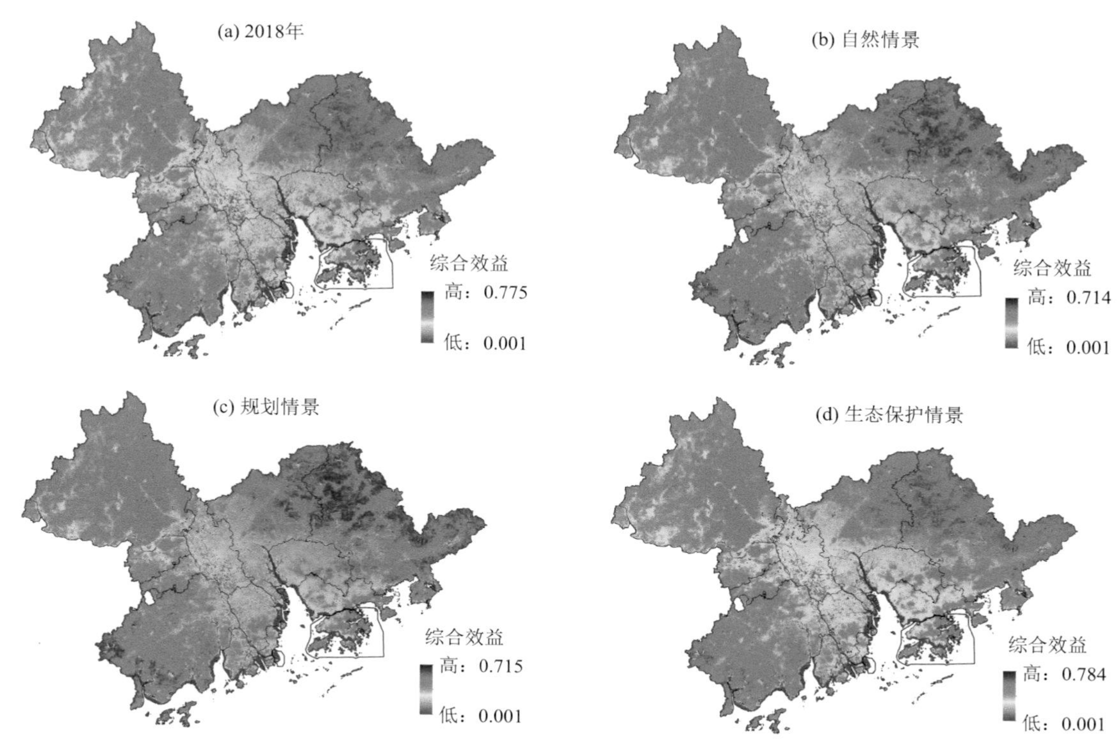

图 3.41　不同情景下珠江三角洲地区生态系统服务综合效益

2018 年间，产水服务增加了 4.96×10^{9} m^{3}；增加的区域主要发生在中部地区和香港北部；耕地、草地的产水服务占比在 23 年间持续下降，建设用地产水服务占比持续上升。受植被覆盖率的影响，珠江三角洲地区的固碳服务在空间分布中具有东西部高、中部低的特点；在 1995—2018 年间，珠江三角洲地区的固碳量呈下降趋势，共减少了 4.79×10^{6} g/m^{2}，减少的区域分布于珠江三角洲地区的中部地区；林地和耕地是珠江三角洲地区固碳服务的主要贡献者。珠江三角洲地区土壤保持量的高值区主要分布于东部、西北部和西南部地区，低值区则位于中部地区；在 1995—2018 年间，珠江三角洲地区土壤保持量呈现出下降趋势，共减少了 2.8×10^{7} t，减少的情况零星分布于整个珠江三角洲地区，而增加的情况则出现在香港的中部地区；林地是珠江三角洲地区土壤保持量的绝对贡献者且在 23 年间保持稳定水平。食物供给服务高值区位于珠江三角洲地区的中部，而 1995—2018 年间食物供给减少的区域也集中于中部，近 23 年间共减少了 67.19 元/km^{2}；耕地的食物供给占比出现持续上升现象，说明了珠江三角洲地区的农业产值有上升的趋势，而水域、草地的食物供给占比呈下降趋势。

(3)在时间尺度上，在 1995—2018 年近 23 年间，食物供给服务与固碳服务、固碳服务与土壤保持服务两两之间具有协同关系；固碳服务与产水服务、土壤保持服务与产水服务两两之间具有权衡关系。在空间尺度上，珠江三角洲地区各生态系统服务对具有较强的空间异质性；生态系统服务簇综合作用结果表现为高权衡作用为主，其次整个研究区以低协同作用为辅。

(4)通过模拟珠江三角洲地区 2030 年自然情景、规划情景、生态保护情景三种不同情景的生态系统服务发现，规划情景下产水服务最佳，生态保护情景下固碳服务和土壤保持服务最佳，实际情景下食物供给服务最佳。在生态系统服务综合效益方面，自然情景、规划情景、生态保护情景下综合效益均有所上升，但是相比于其他情景，生态保护情景下珠江三角洲地区的生态系统服务综合效益最佳，更有利于珠江三角洲地区生态系统服务的管理和发展。

3.4 基于生态系统服务的珠三角生态安全格局构建

3.4.1 研究方法与数据处理

(1)生态系统服务评估与数据处理

固碳服务、产水服务、土壤保持和生境质量计算方法 3.1 节已提及，本部分不再赘述。本研究利用的主要数据包括：2000 年、2015 年 2 期珠江三角洲地区土地利用栅格数据(空间精度为 1 km×1 km)，来源于中国科学院资源环境科学数据中心(http://www.resdc.cn)，根据研究需要将土地利用类型划分为耕地、林地、草地、水域、建设用地和未利用地 6 类；珠江三角洲地区 2000—2015 年降水量数据，来自中国气象数据网《中国地面气候资料年值数据集》(http://data.cma.cn/)，根据研究区实际情况，使用克里金空间插值方法得到珠江三角洲地区年降水量分布图；DEM 数据(分辨率为 30 m×30 m)，来源于地理空间数据云(http://www.gscloud.cn/)，经填洼、流向分析等处理后得到符合研究需要的数字高程数据；珠江三角洲地区相关土壤数据，来源于联合国粮食与农业组织(FAO)基于世界土壤数据库(HWSD)中国土壤数据集(1∶100 万)。

(2)生态安全格局构建

本研究根据 2015 年珠江三角洲地区 4 种生态系统服务的重要性综合分区确定生态源地；将土地利用类型作为阻力因子，根据夜间灯光强度修正生态阻力系数，然后利用最小累积阻力模型(MCR)构建研究区阻力面，并且根据自然断点法将研究区分为低、中、高三个水平的安全格局；最后，通过成本路径工具，提取出研究区的生态廊道，分析生态源地之间的连通性。

① 生态源地。生态源地在空间上具有一定的聚集性，对维持该地区的生态稳定起着决定性的作用(彭建 等，2018)。本研究将 2015 年珠江三角洲地区 4 种生态系统服务归一化处理后进行叠加分析形成生态系统服务的重要性综合分区，根据分区结果选取综合生态系统服务重要性高且面积大于 70 km^2 的斑块作为研究区的生态源地，以确保生态过程的完整性。

② 阻力面构建。当物种在水平空间上迁移或流动时，主要受地表覆盖和人类活动影响。参照前人的研究设定珠江三角洲地区各类土地利用类型基本生态阻力系数：耕地为 50，林地为 1，草地为 30，未利用地为 100，水域为 5，建设用地为 500(杨天荣 等，2017)。然而，简单的土地利用类型赋值会忽略人类活动对物种迁移干扰的影响。而夜间灯光数据可表明人类活动的强度，因此利用夜间灯光数据修正基本生态阻力面，最小累积阻力模型用于构建生态源地之间的最小累积阻力面，具体计算方法如式(3.32)所示。

$$R_i = \frac{N_{Li}}{N_{La}} \times R \tag{3.32}$$

式中，R 是栅格 i 相对应土地利用类型 a 的基本生态阻力系数；N_{Li} 是栅格 i 的夜间灯光指数；N_{La} 为栅格 i 相对应的土地利用类型 a 的平均夜间灯光指数，R_i 是栅格中基于夜间灯光指数进行修正后的生态阻力系数。

$$M_{CR}=f_{\min}\sum_{j=n}^{i=m}D_{ij}\times R_i \tag{3.33}$$

式中，M_{CR} 是最小累积阻力值；R_i 是景观单元 i 对某物种运动所造成的生态阻力系数；D_{ij} 是源地 j 与景观单元 i 之间的空间距离；f 表示为最小累积阻力与生态过程之间的正相关关系。

③ 生态廊道提取。生态廊道是低阻力生态通道，能使源地间更易联系，它对保持区域内的生态流、生态过程、生态功能和能量的连续性和连通性具有重要作用（姜春 等，2016）。本研究利用 ArcGIS 中的成本路径工具提取生态源地之间的最小累积阻力值最低的栅格连接而成的长廊区域作为生态廊道。

（3）模型结果验证

验证和比较模拟结果，是模型模拟研究中至关重要的步骤，本研究采用与实测值和他人模拟结果对比分析的方法进行验证。评估结果显示珠江三角洲地区 2015 年的产水模数为 111.12 万 m^3/km^2，与 2015 年《广东省水资源公报》中公布的广东省产水模数 108.87 万 m^3/km^2 相近，两者相对误差为 2.06%。由于珠江三角洲地区 2015 年的 NPP 实测资料与研究资料较少，所以借助其他学者对广东省或全国 NPP 的研究结果进行对比。相比于整个广东省而言，本节的研究区尺度相对较小，而且该区耕地和草地面积仅分别占整个广东省的耕地和草地面积的 29.11%和 13.89%，所以导致这两种植被类型的 NPP 均值小于其他研究；同时，本节所选用的土地利用数据、NDVI 数据等与其他研究有差别，数据的空间分辨率、植被类型划分标准等均会对研究结果造成影响和误差。综上所述，由于模型模拟是对复杂生物生态过程的简化，而且不同学者采用的模拟数据和参数不甚相同，所以模拟结果存在差异是必然的，但本节模拟评估的生态系统服务结果在可接受的变动范围内，说明了 InVEST 模型和 CASA 模型对珠江三角洲地区 4 种生态系统服务的评估具有较高的准确性和一定的参考价值。

3.4.2　珠江三角洲地区生态系统服务空间格局分析

通过相关模型运算评估，发现 2015 年珠江三角洲地区生态系统服务呈现出较强的空间异质性（图 3.42）。具体来看，2015 年珠江三角洲地区的产水服务为 $6.23\times10^{10}\,m^3$，产水模数为 111.12 万 m^3/km^2；产水服务表现出中部较高、东部次之、西部低的空间分布格局，高值区主要分布于建设用地中，平均产水服务达 1388.35 mm，这是由于建设用地中不透水表面面积占比较高，地表蒸散量低，使降水入渗减少所造成；而珠江三角洲地区具有较高的林地覆盖率，包括常绿阔叶林在内的林地具有较强的水分蒸散能力，故产水服务低，平均产水服务仅为 1159.49 mm。珠江三角洲地区的平均土壤保持量为 2.16×10^5 t/km^2，高值区主要在西北部、西南部和东部，主要是因为这些地区地表植被覆盖度高，林地、耕地等可通过林冠层、土壤层和枯枝落叶层等拦截降雨，减少雨水对土壤所造成的冲刷，故土壤保持能力较强；而中部地区除了植被覆盖度低之外，地势也较为平坦，土壤实际与潜在侵蚀量均较小，所以土壤保持量小。2015 年珠江三角洲地区的 NPP 总量为 $2.88\times10^8\,g/m^2$，林地和耕地的平均 NPP 值最高，分别为 641.31 g/m^2 和 412.99 g/m^2，最低是建设用地和未利用地。NPP 与生境质量具有相似的空间分布格局，高值区位于西北部的肇庆市、西南部的江门市、东部的惠州市和南部的香港，主要是因为该地区分布着大面积的林地和耕地，植被覆盖率高，故具有较强的固氧释碳能力和较优的生境质量；而 NPP 和生境质量服务的低值区则分布于珠江三角洲地区的中部地区，如中山市、东莞市、深圳市等地，主要是因为该地区城镇化发展较快，大量而密集的建设用地成为优势景观，且人类活动干扰较强，使这些区域出现生境类型多样性单一的情况，故生境质量和NPP也处于较低水平。

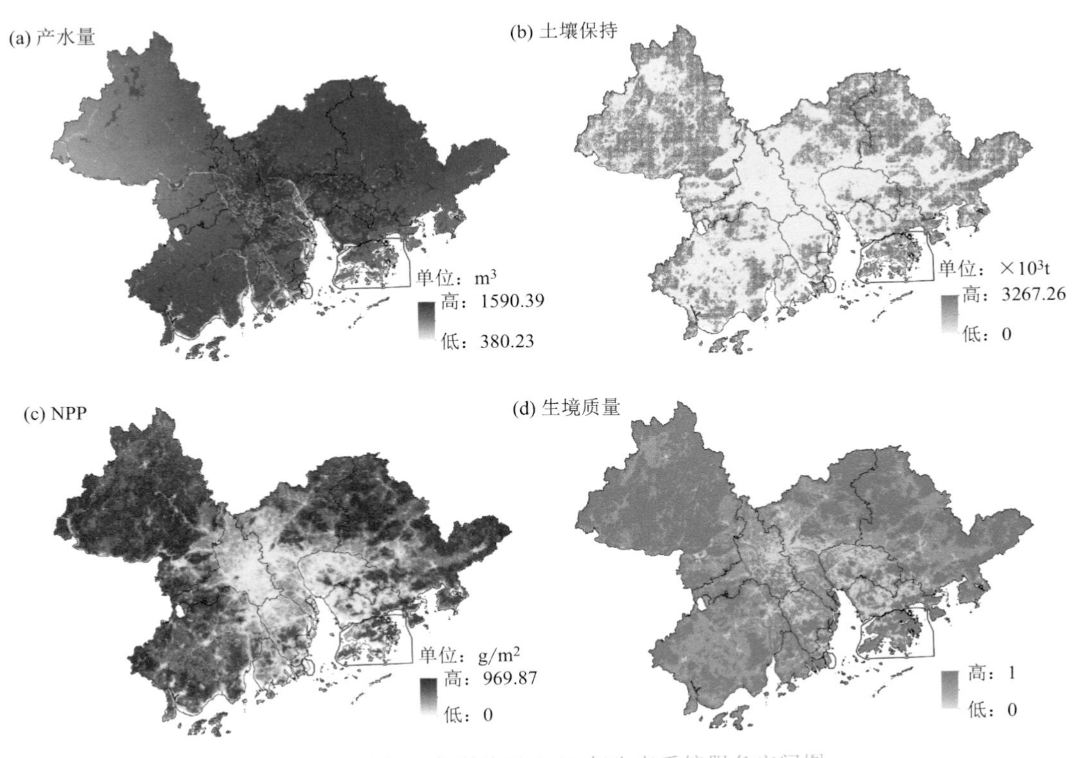

图 3.42 珠江三角洲地区 2015 年生态系统服务空间图

3.4.3 生态安全格局

(1)生态源地识别

对珠江三角洲地区 2015 年 4 种生态系统服务进行归一化处理和叠加分析得到生态系统服务重要性综合评估结果，然后采用自然断点法将评估结果分为低、中、高三级，各级分区的面积分别为 19734.38 km^2、11870.39 km^2、21886.90 km^2，分级结果如图 3.43 所示。由于面积较小的零碎斑块影响不大，故本研究选取高重要性生态系统服务分区中面积大于 70 km^2 的斑块作为珠江三角洲地区的生态源地。从空间分布来看，珠江三角洲地区的生态源地主要分布在肇庆市、广州市北部、惠州市北部和东部、江门市西部和南部、香港中部(图 3.43)。从面积来看，生态源地面积达 17631.35 km^2，占珠江三角洲地区总面积的 31.43%。其中分别有 38.30%和 33.35%的生态源地分布于肇庆市和惠州市，随之广州市和江门市分别占 12.60%和 11.14%，说明该地区具有较良好生态本底。从土地利用类型来看，林地和耕地是珠江三角洲地区生态源地的主体。林地虽然仅占珠江三角洲地区面积的 44.60%，但有 95.95%的生态源地是由林地组成的，说明林地在维持区域生态安全和生态平衡中发挥着关键的作用。

(2)最小累积阻力面及生态安全分区

夜间灯光数据可以综合反映一个地区的城镇扩张情况和城市化水平。由图 3.44 可知，珠江三角洲地区中部的城市夜间灯光亮度值最高，即城市化水平最高，并向周围扩散降低。经修

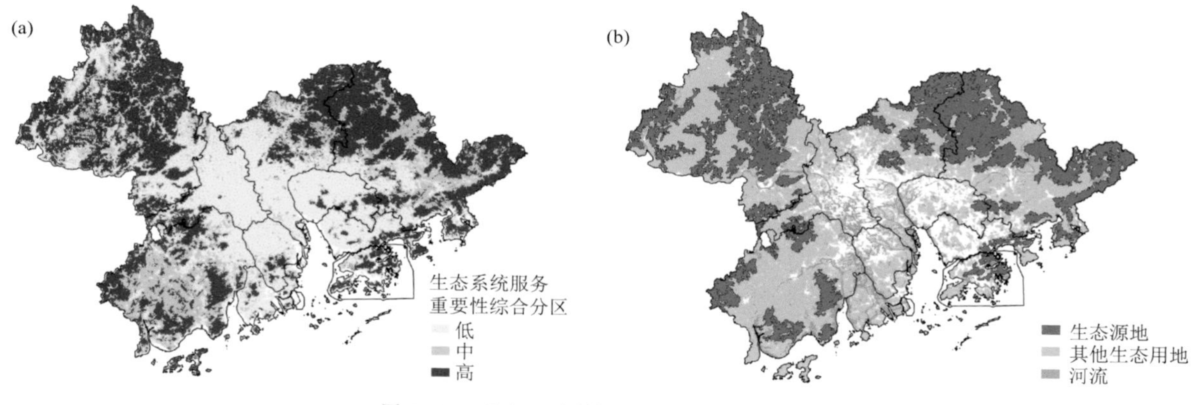

图 3.43　珠江三角洲地区生态源地分布图

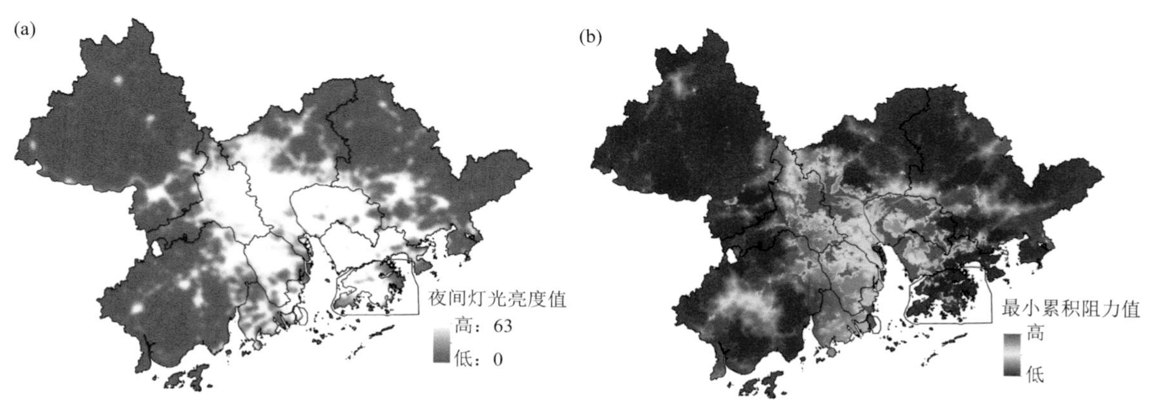

图 3.44　珠江三角洲地区生态阻力面构建

正后的生态阻力面在同种土地利用类型内部空间差异明显，对于地表覆盖对物种迁移的干扰程度表示更为精确。可以看出，珠江三角洲地区的大部分区域最小累积阻力值较低，而顶峰主要集中在佛山东部、广州西南部、东莞和深圳中西部，分布较为集中。这是因为该区域城镇建设较为集中，人类活动频率较高，且距离生态源地较远，故在空间上呈现出高阻力格局，生态流的扩张阻抗较大，对周边物种的迁移和扩散造成了一定的负向影响。珠江三角洲地区的西部和东部由于地势较高且多为林地，人类活动影响较少，所以最小累积阻力值较低，对周边物种扩散产生正向推动影响，利于生态流运行。

采用自然断点法对最小累积阻力值依次划分出高水平生态安全分区、中水平生态安全分区和低水平生态安全分区(图 3.45)。粤港大湾区的生态安全分区呈现出从外围到中心的结构特点，即由四周的高水平生态安全分区逐步过渡到中心的低水平生态安全分区，呈现出空间异质性。由表 3.24 可知(不包括生态源地面积)，高水平生态安全分区面积达 25622.84 km^2，占总面积的 45.67%，表明了珠江三角洲地区生态本底条件良好，而中水平生态安全分区面积有 9942.07 km^2，占总面积的 17.72%，低水平生态安全分区面积有 2054.88 km^2，仅占总面积的 3.66%。在珠江三角洲地区高水平生态安全分区的土地利用类型中，耕地占有最大面积，达 59.07%，再者为林地和水域，可看出生态系统服务较高的土地利用类型在高水平生态安全分区中所占面积较大；在中水平生态安全分区的土地利用类型中，耕地仍然占较大的面积，但相比于高水平生态安全分区面积有所减少，而中水平生态安全分区的建设用地占比为35.29%，面积为三个生态安全分区中最大；在低水平生态安全分区的土地利用类型中，建设用地所占的面积最大(1709.61 km^2)，占比为83.19%，其次是耕地和水域。

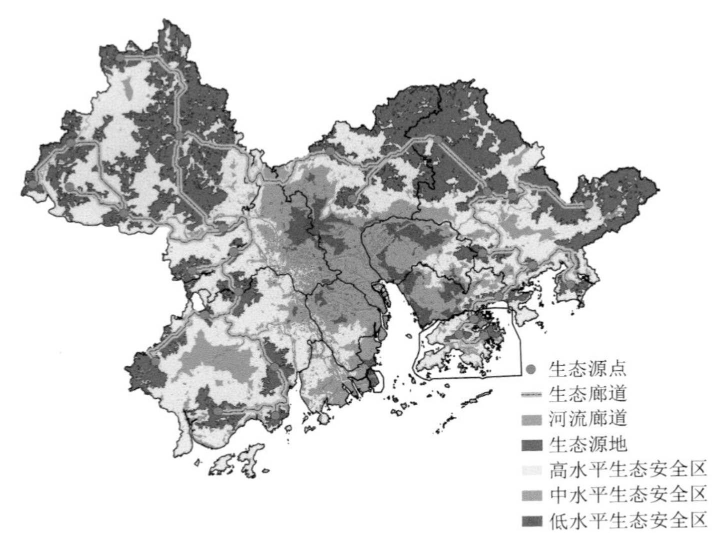

图 3.45 珠江三角洲地区生态安全格局

表 3.24 生态安全格局内土地利用类型面积

	耕地 /km^2	林地 /km^2	草地 /km^2	水域 /km^2	建设用地 /km^2	未利用地 /km^2	总面积 /km^2
高水平生态安全分区	15137.72	6958.09	345.11	2024.71	1156.54	0.68	25622.84
中水平生态安全分区	4456.48	699.64	249.26	1027.53	3508.68	0.48	9942.07
低水平生态安全分区	185.55	52.83	45.63	61.13	1709.61	0.14	2054.88

(3)生态廊道

在珠江三角洲地区最小累积阻力值的基础上，借助成本路径工具，分别以各生态源地的几何中心为生态源点(共28个)，以剩余的生态源点作为目标点群，测算出最小耗费路径，以此提取出生态廊道(图3.45)。珠江三角洲地区生态廊道总长度达1523.90 km，最短为16.40 km，最长为144.14 km。从空间上看，珠江三角洲地区的生态廊道呈树枝状从东部向西北部和西南部延伸，沿耕地、水系横穿林地而过，主要分布于地势较平坦且生境良好的地区。这种分布格局从空间上较好地规避了夜间灯光亮度值较高即人类扰动较大的城镇密集区，为生态源地间各物种的联系以及生态流的扩散提供了有利条件。

(4)生态安全格局构建

通过识别重要生态源地、建立生态阻力面、划分生态安全分区、提取关键生态廊道等步骤，构成了一个完整的包含“点—线—区”多层次要素的珠江三角洲地区生态安全格局，这个格局串联了珠江三角洲地区内绝大多数生物的生存空间，形成了一个循环性高、多层次、高效率的生态系统保护结构(图3.45)。在生态安全格局中，呈树枝状从东部向西北部和西南部延伸的生态廊道是珠江三角洲地区内生物迁移和扩散的关键通道，使人们对生物及其生存环境的保护不再局限于自然保护区或森林公园等单个孤立的空间；而生态源地的识别和生态安全分区的建立也为区域土地利用规划和生态保护提供一定的参考依据，从而实现区域生态平衡。

生态规划和保护必须要具有前瞻性，针对珠江三角洲地区的景观特征和生态安全格局中各要素的现状，本研究提出以下几点建议，以深化生态安全格局在生态安全保护中所扮演的角色。

① 生态源地。生态源地是生物栖息和生长的空间，需要受到重点保护。珠江三角洲地区中 95.95%的生态源地由林地组成，说明林地在保障区域生态安全中扮演着至关重要的角色，但从各生态廊道的长度可知，大多生态源地之间的距离较远，对生物的扩散迁移有一定影响，故在生态源地中应极大限度降低人类活动的干扰，保持甚至扩大林地的面积，降低区内林地的景观破碎度，尽可能将相离的生态源地扩大使其集中连片，确保其生态系统服务的稳定供给。

② 生态廊道。研究区中的生态廊道规避了密集的城镇区，说明了城镇区对区域的生态过程有较强烈的阻隔作用，所以珠江三角洲地区在城区开发时应注意避开现有的生态源地和生态廊道；同时应加大保护和优化现有生态廊道的力度，如在其周边加强绿化建设，以保证生态流的流通。

③ 生态安全分区。对于不同水平的生态安全分区需要不同的优化和保护力度。高水平生态安全分区是除生态源地外最重要的生态安全保障区域，该区的生态阻力相对较低，主要的功能也以维护生态系统稳定为主，而林地和耕地的面积占比大，所以在高水平生态安全分区中应保证耕地、林地的质量和面积，严格控制开发建设活动。中水平生态安全分区坡度和高程不大，分布于珠江三角洲地区城镇建成区的四周，人类活动影响频繁，区内建设用地面积大但占比小，说明了其是研究区内潜在的建设用地开发区域，所以该分区在保障永久基本农田的前提下，根据人口增长和经济发展情况可适当地开发建设用地，但开发建设过程中应做好生态保护措施和生态补偿工作，以提高土地的利用效率。建设用地是低水平生态安全分区中主要的土地利用类型，承担着研究区内主要的经济和发展职能，但景观生态风险指数较高，所以应加强该分区的生态保护和建设，强化土地集约整治，减少景观破碎化程度，同时增加城区中人工绿地面积，加强基础生态设施建设，如绿道建设、生态公园修建等。

3.4.4 主要结论

本研究基于生态系统服务的重要性分析，构建出珠江三角洲地区生态安全格局，研究结论如下。

(1)受土地利用类型、地形地貌等影响，2015 年珠江三角洲地区的 NPP、土壤保持和生境质量的服务水平呈现出东西部高、中部低的空间格局，而产水服务则出现中部较高、东部次之、西部低的空间分布格局，各项生态系统服务具有较强的空间分异。

(2)经研究得出，珠江三角洲地区生态源地面积共 17631.35 km^2，占总面积的 31.43%，由林地和耕地两种地类组成，主要分布在广州市北部、肇庆市、香港中部和惠州市北部、东部等；生态廊道全长 1523.90 km，呈树枝状从东部向西北部和西南部延伸并规避了人类扰动较大的城镇密集区；高、中、低 3 种水平生态安全分区面积分别为 25622.84 km^2、9942.07 km^2 和 2054.88 km^2，具有由外围的高水平逐渐过渡到中心的低水平的结构特征。

(3)与单纯对土地利用类型进行生态阻力系数赋值相比，通过夜间灯光数据的修正，使人类活动对生态过程的影响得到充分考虑；与传统的直接辨别法相比，通过生态系统服务重要性综合分析识别出的生态源地具有更强的客观性和理论基础；珠江三角洲地区 20 个省级以上自然保护区基本落入到生态源地范围中，充分表明了基于生态系统服务重要性的生态安全格局构建方法在珠江三角洲地区具有较强的适用性。

3.5 珠三角生态系统分区管理对策

3.5.1 基于供需关系生态分区

结合生态系统服务综合供需状况和各项服务供需冷热点的类数，构建基于生态系统服务供需关系的生态管理分区体系，对珠江三角洲地区进行分区管控。为使生态系统服务与城市管理更具现实操作性，加强自然生态系统与社会经济系统的联系，以街道尺度为行政单元，将分区类型确定为生态恢复区、生态调控区、生态控制区、生态保育区 4 大类型(图 3.46)。最后根据不同的管理分区，分别提出有利于提高生态系统服务供需水平、人类福祉、生态与经济可持续发展的对策建议。具体的分区标准见表 3.25。

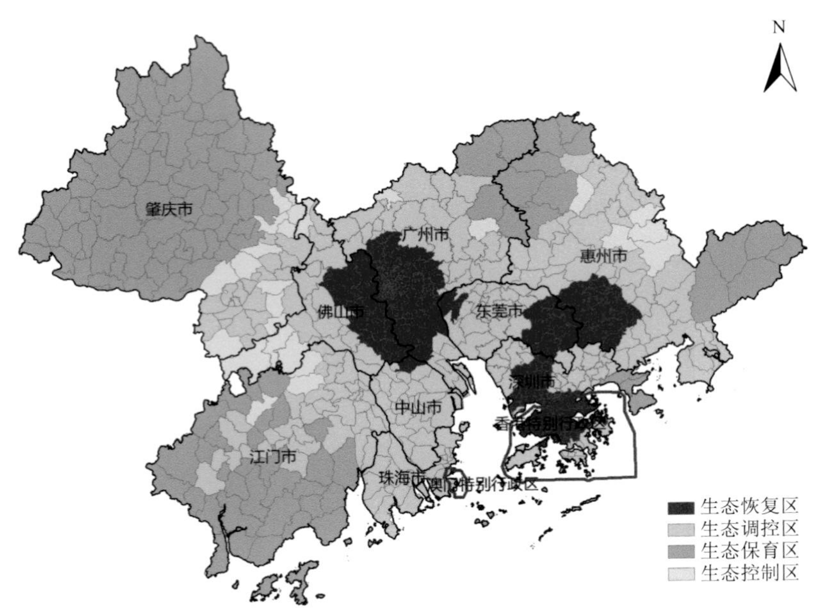

图 3.46 珠江三角洲地区生态系统服务供需空间管控分区空间分布图

表 3.25 基于供需关系的生态管理分区体系表

综合供需比状况	初步分区	3 项服务供需比的冷热点	生态管理分区
赤字(<0)	生态赤字区	含 1 个赤字冷点以上	生态恢复区
		0 个赤字冷点	生态调控区
盈余(>0)	生态盈余区	0 个盈余热点	生态控制区
		含 1 个盈余热点以上	生态保育区

(1)生态恢复区

该分区的生态系统服务综合供需比值小于0,即为生态赤字区,在此基础上,当固碳服务、产水服务和土壤保持服务3项服务供需比的冷热点分析结果中含1个及以上的赤字冷点区,则该区域为生态恢复区。生态恢复区的生态安全威胁性最大,生态系统的供给难以满足需求,应该将其作为优先恢复生态系统功能的区域。生态恢复区占珠江三角洲地区土地总面积的11.67%,为0.65万km^2。此区域范围较为集中,主要集中于珠江三角洲地区中部和东南部的经济高度发达地区、高新开发区,抑或是城镇工业发展核心区,包括广佛都市圈之间、深圳中部和香港北部的高新开发区、东莞东南部和惠州西北部的城镇工业发展核心区。

通过将生态恢复区和土地利用类型进行叠加,发现生态恢复区中有大面积的建设用地且面积占比最高,为40.72%,而耕地、林地和草地分布占22.57%、25.40%和2.34%,可见此区域土地利用类型以建设用地为主,生态用地与生产生活用地失衡严重。区内社会经济水平高、城镇工业发展快,过度依赖土地开发进行社会经济建设导致了区域资源承载能力和自然生态环境状况的下降,使得生态系统服务供给难以满足高聚集人口和城市化进程带来的对生态系统的巨大需求,出现空气污染、水环境污染、水土流失、生态斑块破碎化等一系列环境生态问题。

今后,生态恢复区要从缓解人地矛盾入手,着重恢复过于破碎化的生态斑块,加强将分散的城市绿地、绿道、城市功能性公园和河道水系景观带等生态空间进行串联、组团,提升景观连通性和斑块稳定性,以提高生态系统服务的供给能力;严格控制建设用地的开发强度和范围,加大对生态用地的保护和管理力度,不断调整和优化土地利用结构,并在此基础上加大对绿色基础设施的投入和完善,增加城市绿地覆盖率;提高土地资源和水资源利用效率,重点推进各市对珠江流域的协同治理,并对农田和沿江区域采取一定的土保措施以控制土壤侵蚀强度和速度;加大环境治理和生态恢复的政策和经济支持,改善当前各种生态环境问题与经济发展不相适应的问题,持续将城市化对自然生态空间的影响从供不应求向供需平衡转化。

(2)生态调控区

该分区的生态系统服务综合供需比值小于0,即为生态赤字区,但固碳服务、产水服务和土壤保持服务这三项服务供需比的冷热点分析结果中无赤字冷点区,则该区域为生态调控区。生态调控区是供需赤字程度降低,但生态系统向人类提供的服务仍未能满足其需求的区域,此区域需要以一定的人为和市场手段来调节和控制,维持和提高生态系统供给能力以及降低城市居民对生态系统的需求。生态调控区占珠江三角洲地区土地总面积的39.33%,为2.19万km^2。此区域面积较大且集中,主要集中在供需状况较差的生态恢复区的周边区域,包括广州、深圳、香港、佛山、东莞、惠州、中山、珠海的大部分区域。

通过将生态调控区和土地利用类型进行叠加,发现生态调控区中面积占比最高的地类是林地,为36.11%,其次是耕地,为29.14%,而建设用地从生态恢复区中的40.72%下降到22.48%。可见,生态管理分区类型与建设用地比例具有一定的关联,此类区域以土地利用以林地和耕地为主,生态用地与生产生活用地相对兼顾。虽然区内地形较平坦、人口较稠密、城镇化水平较高,造成对生态系统的需求较高,但由于其生态本底较好,具有较多的林地和耕地,并且分布了一定的城市公园、森林公园、风景区等生态空间,使得生态系统供给与经济社会发展造成的高需求的关系没有进一步恶化。因此,生态调控区今后要着重发展生态经济,重点维护好区域内的大型生态用地和河流水系景观空间,利用好区域良好的生态资源,适当发展生态旅游产业和城市生态游憩功能；进一步协调经济发展与生态保护的关系，控制污染型产业的发展，有必要加大资金投入建设和完善城市降污设施；对于大面积的耕地要提高耕地土壤质量，合理优化化肥的成分及控制其使用量，积极打造生态效益高的集约化农田、推广节水农业，为生态系统保水保土，促进经济社会健康发展。

(3)生态控制区

该分区的生态系统服务综合供需比值大于0，即为生态盈余区，在此基础上，当固碳服务、产水服务和土壤保持服务三项服务供需比的冷热点分析结果中含1个及以上的盈余热点区，则该区域为生态控制区。生态控制区是生态系统服务供给尚可满足需求，拥有较强的生态系统服务供给能力，人口压力相比于生态恢复和生态调控区要小得多，但仍然存在生境破碎化、土地资源利用低效等生态问题，是应以生态建设来控制经济发展的区域。生态控制区占珠江三角洲地区土地总面积的7.05%，为0.39万km^2。此区域面积占比最小且分布比较零散，主要分布在肇庆南部的四会市6个镇街、鼎湖区2个乡镇和高要区4个乡镇，佛山最北端的三水区南山镇和佛山西部高明区的3个乡镇，江门北部3个乡镇，广州花都区梯面镇和增城区小楼镇，惠州东部的4个乡镇。

通过将生态控制区和土地利用类型进行叠加，发现生态控制区中面积占比最高的地类是林地，高达66.39%，其次是耕地，为23.52%，而建设用地仅占3.90%。可见，生态控制区的土地利用以林地为主、耕地为辅，具备较高的林地覆盖率，是属于生态本底较好的区域。与此同时，生态控制区的经济基础相对薄弱、城镇发展较缓慢，存在不顾生态环境大力发展社会经济的发展风险。因此，生态控制区需要重点提升区内生态稳定性与生态系统质量，加强城郊生态缓冲带的建设。在之后的发展规划中，对于大型的开发建设活动需要执行严格的审批和执行流程，实行严格的生态保护措施，维护生态系统服务健康的供给能力。经济上，加强与周边区域的交流和合作，包括与相邻的生态调控区与生态保育区之间，要充分发挥良好的经济与生态优势，适时适宜减少对该区域生态系统的需求；调整经济产业结构和人口偏好以改变需求结构，促进生态系统服务向周边区域的持续、健康流动；生态意识上，加强对居民的生态安全教育，提高其保护生态环境意识，限制居民对土地进行随意开发建设活动，协调好经济发展与生态保护。

(4)生态保育区

该分区的生态系统服务综合供需比值大于0，即为生态盈余区，但固碳服务、产水服务和土壤保持服务这三项服务供需比的冷热点分析结果中无盈余热点区，则该区域为生态保育区。生态保育区应该重点实施生态保育的区域，在保护生态空间的基础上合理开展生产建设活动，是发挥生态系统服务和维护区域生态安全的核心区域。生态保育区占珠江三角洲地区土地总面积的41.95%，为2.33万km^2。此区域面积占比最大且主要分布在珠江三角洲地区的中部以外区域的非城区，分布在肇庆中部及以上区域，江门北部和南部，惠州北部龙门县和东部惠东县，以及深圳的大鹏新区。

通过将生态保育区和土地利用类型进行叠加，发现生态保育区中面积占比最高的地类依然是林地，高达75.76%，其次是耕地，为16.06%，而建设用地仅占2.35%。可见，生态保育区以森林生态系统为主导，自然生态本底条件优越，数量和空间上提供的生态系统服务水平高，森林覆盖率高，有较大资源承载潜力，但现阶段对土地开发程度不高，人口压力较小，城市化进程也相对不高，因此生态需求水平较低。此区域一方面容易受人类城镇化和生活游憩的影响，另一方面由于地势高、起伏大，容易产生水土流失、土地质量下降等问题，此区域是需要着重保育生态系统的完整性和功能性的生态功能极重要区。

在今后的保育工作中，生态保育区一方面要保持高生态供给的态势：加强对区内自然保护区和森林原生生态系统等极重要生态功能区的保护，严格把控各项生态保护条文措施的构建和执行；最大限度恢复已经被破坏的自然生境、修复脆弱裸露生态，重视山体植被和边坡防护措施的维护，提升区域碳固持、水土保持、生态防护等能力；以大面积区域绿地为核心，结合自然保护区、人工林地、生态廊道等生态斑块强化生态保护网络，保障生态系统服务向周边区域的持续输送。另一方面，生态保育区要提高居民对生态系统的需求：加大政府生态补偿，在有效修复受损生态系统的同时，吸引更多的劳动力和建设者在保护生态环境的基础上进行经济建设和绿色发展，提高土地利用效益，推动产业转型升级；凭借优渥的生态资源，建设兼顾景观与防护功能的生态经济系统，开展生态农业、观光林业和旅游业等经济新增长，在保护基础上谋求经济快速发展。

基于生态系统服务供需关系的珠江三角洲地区生态管理分区。首先对三项服务供需比和综合供需比进行冷热点分析的结果表明，固碳服务的供需盈余次热点区面积占比最大，高达25.76%，在空间分布上其供需盈余热点区和供需盈余次热点区主要位于肇庆南部、江门东北部、中山西南部等区域，供需赤字冷点区和供需赤字次冷点区主要位于中部和东南部，分布较为集中。产水服务的供需盈余次热点区面积占比最大，达9.02%，在空间分布上其供需盈余热点区和供需盈余次热点区分布较为分散，主要位于肇庆主城区附近、江门中部、珠海北部、惠州东莞深圳交界处等，供需赤字冷点区和供需赤字次冷点区位于广佛相邻的主城区。土壤保持服务的供需盈余次热点区面积占比最大，达14.02%，在空间分布上其供需盈余热点区和供需盈余次热点区主要分布在肇庆中部和东北部、惠州北部、惠州东南部、香港、深圳南部沿海区域，供需赤字冷点区和供需赤字次冷点区位于广佛都市圈之间、东莞与惠州和深圳相邻的较大范围区域。

其次，综合生态系统服务综合供需匹配状况和各项服务供需冷热点的类数，进行构建珠江三角洲地区城市群生态系统空间管控分区，将分区确定为生态恢复区、生态调控区、生态控制区、生态保育区四大类型区，分别占珠江三角洲地区土地总面积的11.67%、39.33%、7.05%、41.95%。其中生态恢复区主要集中于珠江三角洲地区中部和东南部的经济高度发达地区、高新开发区；生态调控区主要分布在供需状况较差的生态恢复区的周边区域；生态控制区面积占比极小且分布比较零散，主要分布在生态调控区与生态保育区的过渡地带；生态保育区面积占比最大，主要分布在珠江三角洲地区的中部以外地区，分布在肇庆中部及以上区域，江门北部和南部，惠州北部龙门县和东部惠东县，以及深圳的大鹏新区。最后，根据不同的空间管控分区提出了有针对性的维持或提高生态系统服务、提高居民生活幸福感、协调城市群生态和经济的对策建议。

3.5.2 基于权衡协同关系分区

将珠江三角洲地区4项生态系统服务进行组合，形成生态系统服务簇，采用编码分级法探讨其空间上的权衡与协同关系。采用编码分级法分析生态系统服务簇的权衡关系时输出的编码序列是在111～3333之间，每个序列均为1、2、3的任意组合，如1211、2132、3321等，每个组合的每一位数字及大小表示为对应的生态系统服务的供给水平，即高、中、低水平。经编码分级后，根据权衡与协同的定义及组合关系进行高权衡区、低权衡区、高协同区、低协同区的划分。权衡关系表现为基本不处于同一等级或两种服务与其他服务不在同一级别上：(1)一种服务处于高级别，其他三种服务为中或低级别；(2)两种服务为高级别，其他两者至少有一种为低级别；(3)三种服务为高级别，另外一种为低级别；(4)一种服务为中级别，其他三种为低级别。协同关系表现为两个及以上服务处于同级别：(1)四种服务处于相同级别，即高、中、低；(2)三种服务处于高(中)同一级别，第四种服务处于中(低)级别；(3)两种服务处于高(中)同一级别，其他两种服务同为中(低)级别；(4)一种服务处于高级别，其他三种服务处于中等级别。分类详细见表 3.26。

表 3.26 生态系统服务簇权衡与协同关系划分

权衡与协同关系		组合方式	样例
权衡	高权衡	一高三低	1311、1113
		一高一中两低	1321、1132
		一高两中一低	3221、2312
	低权衡	两高两低	3311、3113
		两高一中一低	3321、2313
		三高一低	3133、1333
协同	高协同	四中	2222
		一高三中	3222、2322
		两高两中	2332、3232
		三高一中	2333、3233
		四高	3333
	低协同	一中三低	2111、1121
		两中两低	2121、1122
		三中一低	2221、2122
		四低	1111

根据 ArcGIS 软件将编码分级后的结果按表格标准重分类，得出珠江三角洲地区生态系统服务簇权衡与协同关系空间分布信息，结果如图 3.47、图 3.48 所示。从固碳、土壤保持、产水、食物供给 4 种服务综合相互作用结果分布来看，整个珠江三角洲地区生态系统服务簇综合

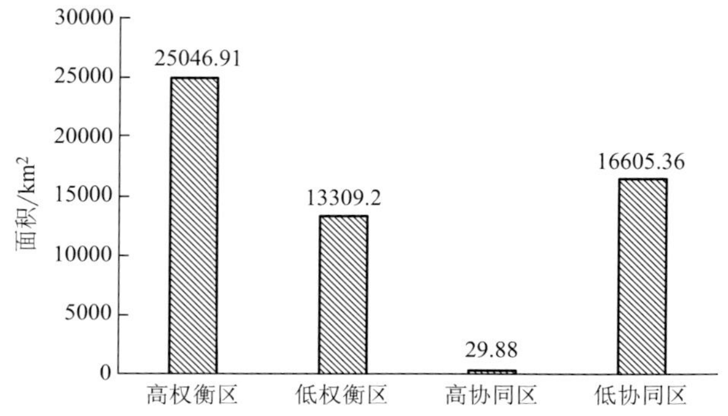

图 3.47 珠江三角洲地区生态系统服务簇权衡与协同关系面积

作用结果表现为高权衡作用为主，面积达 25046.91 km^2，主要分布于广州市中部和西南部、佛山市东部、东莞市中部等区域；其次整个研究区以低协同作用为辅，分布于广州市南部、江门市、珠海市、肇庆市等地区；低权衡区主要分布于惠州市、广州市北部、江门市西南部等地区；高协同区面积较小，仅有 29.88 km^2。

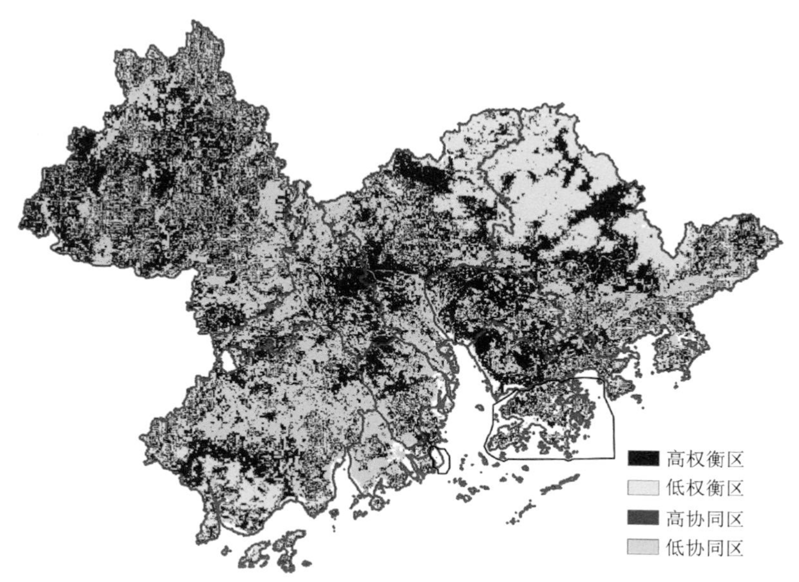

图 3.48　珠江三角洲地区生态系统服务簇权衡与协同关系空间分布

可见，珠江三角洲地区生态系统服务权衡作用分布较广，尤其是高权衡区域。根据编码分级标准，高权衡区域主要表现为一种生态系统服务较强、其他三种生态系统服务较弱。珠江三角洲地区主要受到固碳服务的影响，在高权衡区域中固碳服务要强于其他三种服务，使得固碳服务作为主导因素产生权衡关系的范围也较广。同时，在高权衡区域中也包含一种服务占主导从而影响其他三种服务的情况，如土壤保持服务较强，其他三种服务较弱。因此，这种高权衡区域说明了四种生态系统服务间存在着激烈的竞争关系，使得某种生态系统服务的供给能力较强而其他三种生态系统服务供给较弱。低协同区的面积在珠江三角洲地区生态系统服务簇权衡与协同关系面积中排第二，其基本表现为各生态系统服务间的竞争较为一般，并无太大的竞争优势，或是在该区域内四项生态系统服务的供给能力都较弱。可见，低协同区是珠江三角洲地区中生态系统服务发展最差的区域，每一种生态系统服务独立或者综合作用的结果表现皆差，使得低协同区的生态系统服务供给能力较低。而这些低协同区也主要分布于经济发展较好的地区，如佛山市、广州市、珠海市等，这些地区经济的快速发展使得生态环境被破坏，且人为干扰较大，使生态系统承载力不断下降，生态环境不断恶化。研究区域中的高协同区是珠江三角洲地区生态系统服务供给能力最强、最为协调的区域，各种服务皆发挥出其最大效益，但是高协同区面积较少，需要加以重点保护，以维持其生态系统服务的供给能力。

第4章

珠江西岸生态系统水土保持服务综合研究

珠江西岸基塘区所在区域经济发达，生态系统类型复杂多样，是典型的城市化地区、农产品主产区、生态功能区三大空间格局的综合体（刘贵利 等，2021）。伴随快速城市化和人口聚集，区域内资源与环境压力日益加重，而水土保持服务即将成为支撑该区域经济快速发展的重要生态功能，故下面对珠江西岸产水服务和土壤保持进行评估。

4.1 珠江西岸概况

广义上的珠江西岸指珠江以西的广大地区，具体指珠海、佛山、韶关、中山、江门、阳江、肇庆、云浮八市。本节选取的研究区——珠江西岸基塘区位于广东省腹地，珠江三角洲入海口西侧，辖广州、佛山、中山、珠海、江门和肇庆6市、35个县/市，422个镇/街道。研究区地理坐标范围为111.36°—114.04°E，21.57°—24.39°N，总面积3.93万km^2，约占广东省总面积的1/5，如图4.1所示。

4.2 珠江西岸地区产水服务评估

4.2.1 研究方法与数据处理

InVEST模型产水服务模块相关计算方法已在3.1.2节详细阐述，本处不再介绍。数据来源与处理主要包括以下内容，数字高程模型（DEM）数据来源于2019年8月5日NASA's LP DAAC新发布的ASTER GDEM V3版本（https://earthdata.nasa.gov/），空间分辨率为30 m。后期经过镶嵌、填洼处理。珠江西岸基塘区5期土地利用矢量数据（1980年、1990年、2000年、2010年、2018年），由中国科学院资源环境科学技术中心（http://www.resdc.cn/）提供。该数据以Landsat TM/ETM影像作为解译数据源，原始空间分辨率为30 m。详细分为耕地、林地、草地、水域、居民地和未利用土地6个一级类型以及25个二级类型。土壤属性数据来源于国际应用系统分析研究所（IIASA）及联合国粮食及农业组织（FAO）世界土壤数据库（HWSD V1.2）。采用的土壤分类系统主要为FAO-90，空间分辨率为1 km。气象数据来自于中国气象数据网（http://data.cma.cn/），根据广东省气象台站的1980—2018年的降水、气温、太阳辐射等气象数据通过ArcGIS软件的统计向导模块中的克里金插值生成空间分辨率

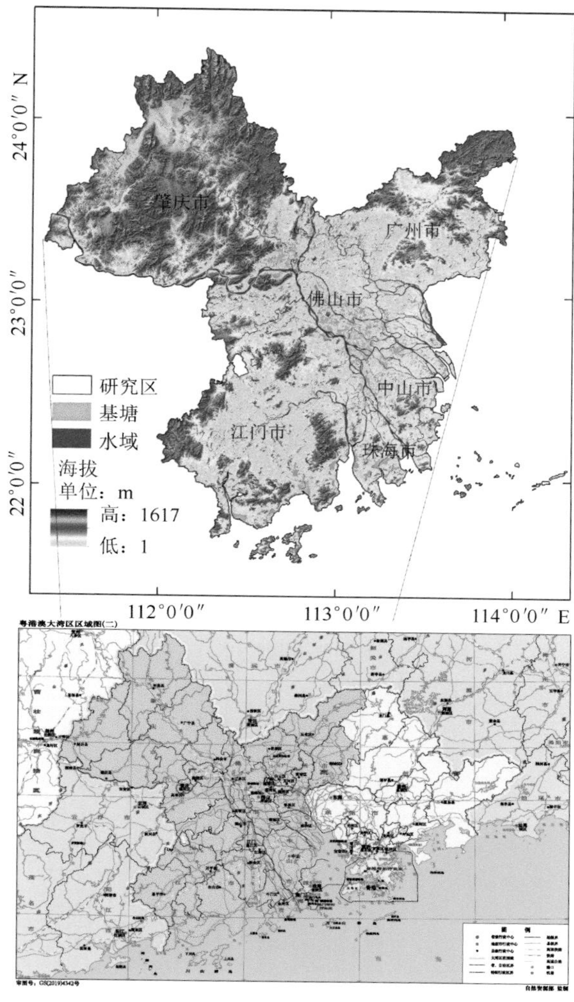

图 4.1 珠江西岸基塘区地理位置

为 30 m 的栅格，进一步裁剪得到研究区气象数据。

4.2.2 珠江西岸地区产水服务时间变化

结合图 4.2 和表 4.1 可以看出，珠江西岸基塘区产水服务与土壤保持情况类似，在 1980—2018 年呈现“先降后升再降，总体上升”的趋势，其中 1980—1990 年小幅减少，减少量为 3.72×10^9 t，减少率 8.54%，2000—2010 年大幅增长，增长 1.33×10^{10} t，增幅 30.22%。2010—2018 年产水服务小幅下降，下降 3.44×10^9 t，降幅为 6.02%。2018 年研究区产水服务共计 5.37×10^{10} t，较 1980 年增长 1.01×10^{10} t。

从市域来看，广州市在 1980—1990 年有小幅下降，而后持续增加，增速最快发生在 1990—2000 年，到 2018 年，广州市产水服务量共增长 3.71×10^9 t；佛山市与广州市情况类似，四个时段也呈现“降—增—增—增”趋势，到 2018 年共增长 1.54×10^9 t；珠海市和江门市在 1980—2018 年呈现“降—增—增—降”，但整体珠海的产水服务在下降而江门呈现增加态势；

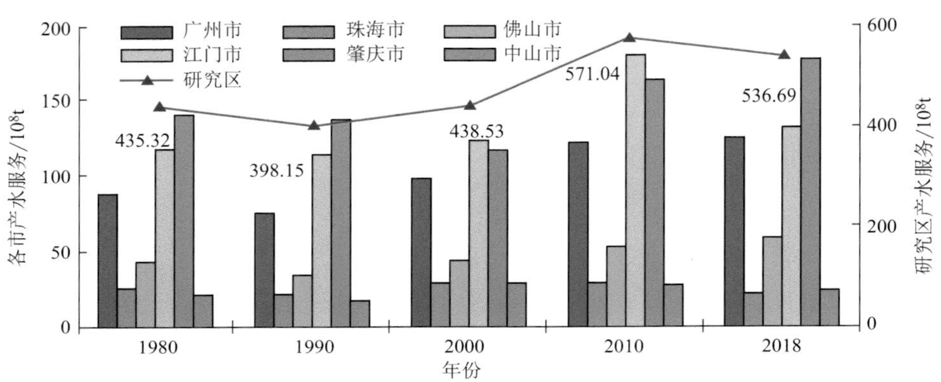

图 4.2 1980—2018 年珠江西岸基塘区各市产水服务

肇庆市是“降—降—增—增”，整体增加；中山市则是“降—增—降—降”，整体增加。综合来看，除了珠海市在这 38 年产水服务下降外，其余各市均增加，其中广州市增幅最大，达到 29.57%，其次是佛山和肇庆，分别为 26.58%、19.88%。

从时段上看，所有城市在 1980—1990 年都呈下降趋势，而到了 1990—2000 年，除了肇庆在下降其余各市均在增加，广州、佛山、珠海和中山的增幅最大；2000—2010 年江门、肇庆增幅最大，2010—2018 年珠海和江门的降幅分别达到最大。

表 4.1 1980—2018 年珠江西岸基塘区各市产水服务变化

地区	1980—1990 年		1990—2000 年		2000—2010 年		2010—2018 年		1980—2018 年	
	变化量/(10^8 t)	变化率/%	变化量/(10^8t)	变化率/%	变化量/(10^8t)	变化率/%	变化量/(10^8t)	变化率/%	变化量/(10^8t)	变化率/%
广州市	−12.67	−14.34	22.81	30.12	22.41	22.74	4.57	3.78	37.12	29.57
珠海市	−4.22	−16.79	6.96	33.27	0.67	2.39	−6.75	−23.62	−3.34	−15.30
佛山市	−9.33	−21.90	10.72	32.22	9.00	20.47	5.03	9.49	15.42	26.58
江门市	−4.55	−3.85	10.54	9.29	54.66	44.08	−46.52	−26.04	14.14	10.70
肇庆市	−3.10	−2.20	−21.62	−15.73	46.51	40.15	13.08	8.05	34.87	19.88
中山市	−3.31	−16.03	10.97	63.38	−0.75	−2.64	−3.76	−13.66	3.16	13.28
研究区	−37.17	−8.54	40.38	10.14	132.51	30.22	−34.35	−6.02	101.37	23.29

4.2.3 珠江西岸地区产水服务空间变化

从空间分布来看，由于产水服务受降水量影响大，导致珠江西岸基塘区五个时期的产水服务分布格局迥异，尤其是中部地区变化较大，但整体看呈现西北低东南高的态势。

从变化情况来看(图 4.3)，1980—2018 年产水服务增加区域主要分布在肇庆市东北部的广宁县、怀集县，南部的德庆县，广州市、佛山市大部，江门北部蓬江区、江海区和鹤山市，以及江门台山市南部部分地区。减少区域发生在肇庆市西部封开县，江门市东、西部的新会市、恩平市，中山市南部以及珠海市大部分地区。

分时段来看(图 4.4)，1980—1990 年产水服务减少区域范围较广，主要分布在中部地区，包括肇庆市东南部、佛山市大部、广州市中部、江门市北部以及珠海市和中山市大部，增加区域主要在肇庆西北部、江门市南部；1990—2000 年产水服务的情况与前一时段相反，肇庆大部和江门西南部减少，而研究区中部地区产水服务增加；2000—2010 年产水服务增加区域发生在

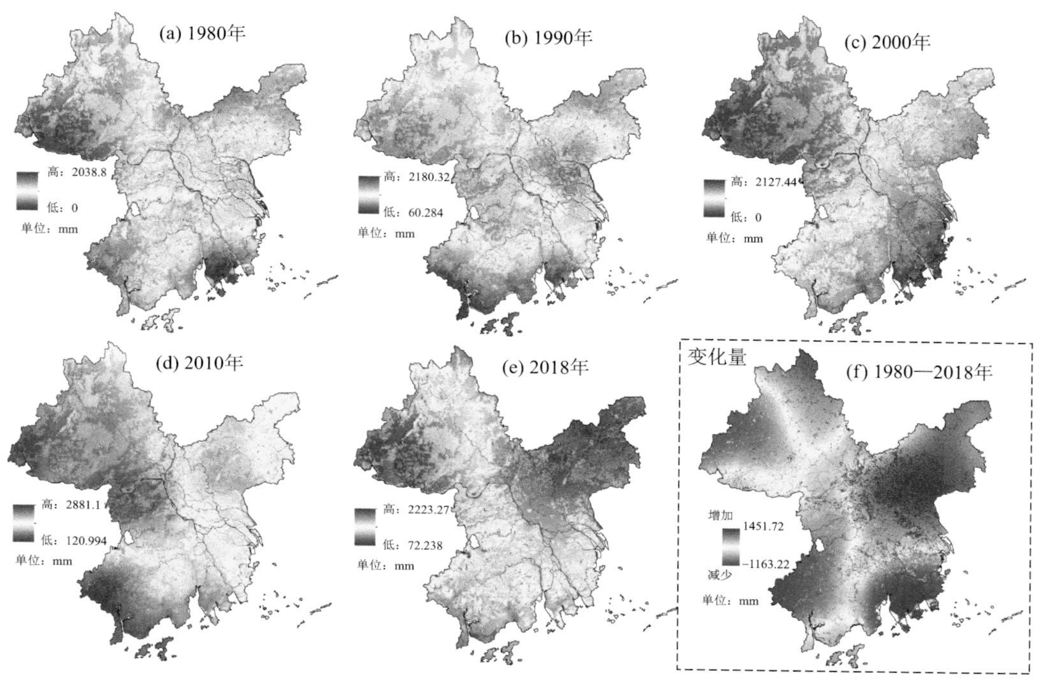

图 4.3 1980—2018 年珠江西岸基塘区产水服务及变化

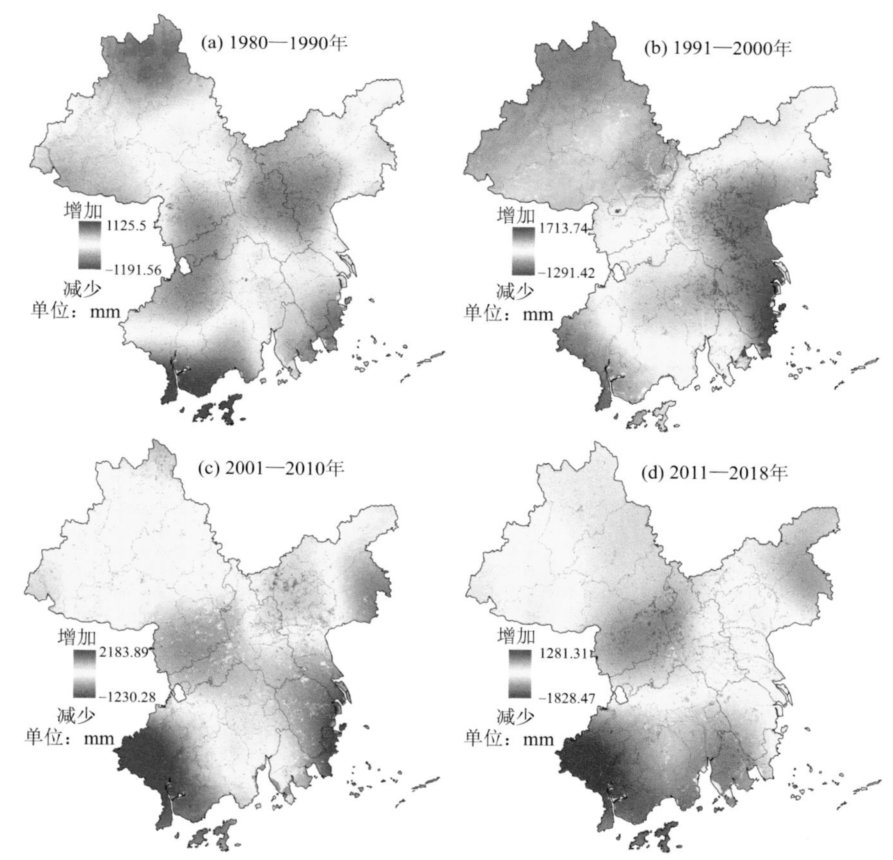

图 4.4 1980—2018 年分时段珠江西岸基塘区产水服务变化

肇庆西南部、广州北部，其余地区均减少。2010—2018 年产水服务增加区域出现在肇庆东部、广州东北部，减少区域出现在江门、中山、珠海大部。

4.2.4 不同土地利用类型的产水服务分析

结合图 4.5 和表 4.2 可以看出，珠江西岸基塘区建设用地、未利用地和基塘产水能力较强，单位面积上产水服务接近 20×10^5 t，其次是草地、耕地和林地。这是由于建设用地、未利用地一般表面平整，缺乏植物截流和蒸腾作用，导致降水下渗减少，产流量较高。而林地和草地植物根系发达，蒸腾作用旺盛，能充分吸收水分，因此产流量较低。

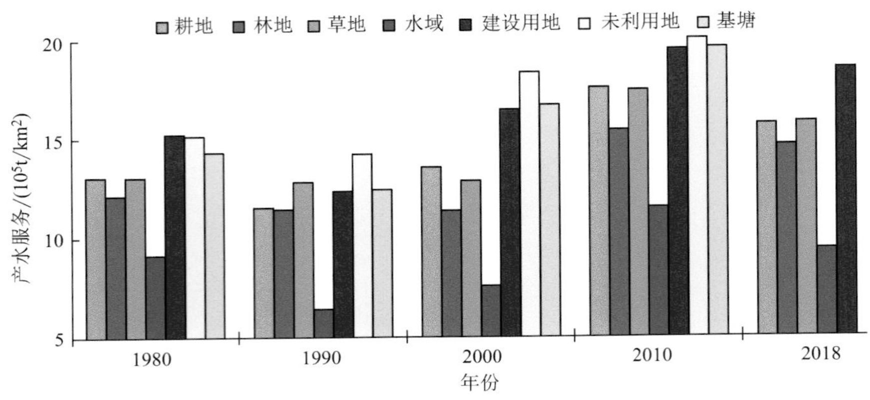

图 4.5 1980—2018 年珠江西岸基塘区各土地利用类型产水能力

表 4.2 1980—2018 年珠江西岸基塘区各土地利用类型产水服务变化

	1980—1990 年		1990—2000 年		2000—2010 年		2010—2018 年		1980—2018 年	
	变化量/(10^8t)	变化率/%	变化量/(10^8t)	变化率/%	变化量/(10^8t)	变化率/%	变化量/(10^8t)	变化率/%	变化量/(10^8t)	变化率/%
耕地	−18.19	−11.94	7.56	5.64	16.96	11.97	−20.41	−12.87	−14.08	−9.24
林地	−15.30	−5.97	−2.21	−0.91	82.87	34.68	−22.10	−6.87	43.27	16.87
草地	−0.25	−2.75	−0.13	−1.41	2.32	26.45	0.16	1.42	2.10	22.96
水域	−4.20	−30.24	0.57	5.92	5.57	54.25	−3.49	−22.03	−1.55	−11.14
建设用地	−4.06	−14.82	19.73	84.64	38.24	88.82	6.89	8.47	60.80	222.13
未利用地	−0.20	−41.83	0.08	29.57	−0.02	−6.94	−0.23	−69.62	−0.37	−78.69
基塘	−1.94	−9.99	17.13	98.22	5.20	15.05	−2.45	−6.15	17.95	92.64

从产水服务的时间变化看，1980—1990 年，所有用地均出现不同程度减少，减少幅度最大的是未利用地；1990—2000 年产水服务除了林地和草地小幅减少外，其他土地利用类型都在增加，尤其是基塘和建设用地，增幅分别高达 98.22%和 84.64%，说明在该阶段建设用地大面积扩张、基塘改种的结果导致植被覆盖降低、土壤保水能力变差；2000—2010 年几乎所有用地类型产水服务均增加，增幅最大的是建设用地（88.82%）；2010—2018 年除了草地，其余地类产水服务均下降，降幅最大的是未利用地。

综合来看，1980—2018 年，未利用地、水域和耕地的产水服务减少，建设用地、基塘、草地和林地的产水服务增加，增加最为迅猛的是建设用地，增幅高达 222.13%，其次是基塘，增幅为 92.64%。对于基塘来说，大部分是改造原有耕地而成。改造基塘会拓宽原耕地中的道路，同时大面积变为人造塘面，缺乏农作物的根系维持、蒸散发作用，因此会导致产水服务显著增加。

4.2.5　产水服务冷热点分析

产水服务的热点区域主要集中在江门西南部和广州北部(图 4.6)，热点和冷点区域面积在 1980—2018 年经历了先增后降的变化，冷点区波动范围较大(图 4.7)。具体来看，38 年广州市呈“增—增—降—增”趋势，江门市为“增—降—增—降”趋势，肇庆市呈“增—增—平—平”，中山市呈“降—增—降—平”，佛山市和珠海市均呈“增—增—降—降”趋势。

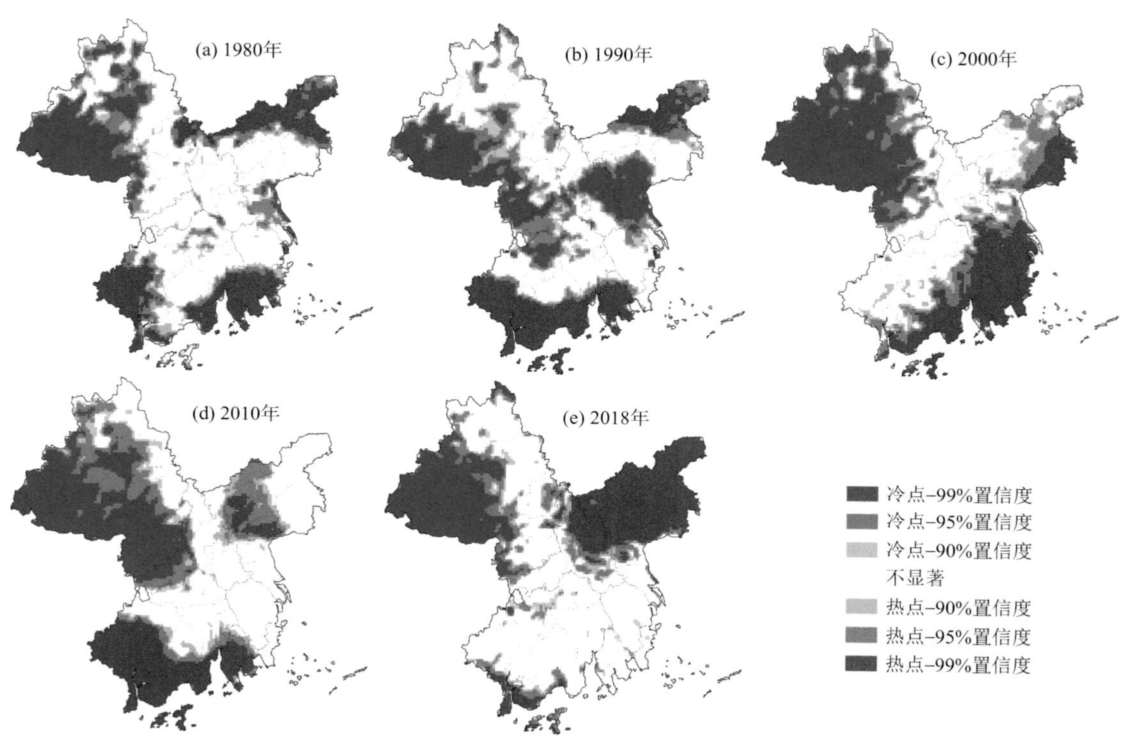

图 4.6　1980—2018 年珠江西岸基塘区产水服务冷热点

4.2.6　主要结论

以珠江西岸为研究区域，基于 1980—2018 年五期土地利用数据，运用 ArcGIS 软件和 InVEST 模型运算得到研究期内的土地利用类型和产水服务情况，并分析了生态系统服务空间分布和冷热点格局。结果如下。

(1)珠江西岸基塘区产水服务在 1980—2018 年呈现先降后升再降，总体上升的趋势。从时段上看，所有城市在 1980—1990 年都呈下降趋势，而到了 1990—2000 年，除了肇庆在下降，其余各市均在增加，广州、佛山、珠海和中山的增幅最大；2000—2010 年江门、肇庆增幅最大，2010—2018 年珠海和江门的降幅分别达到最大。

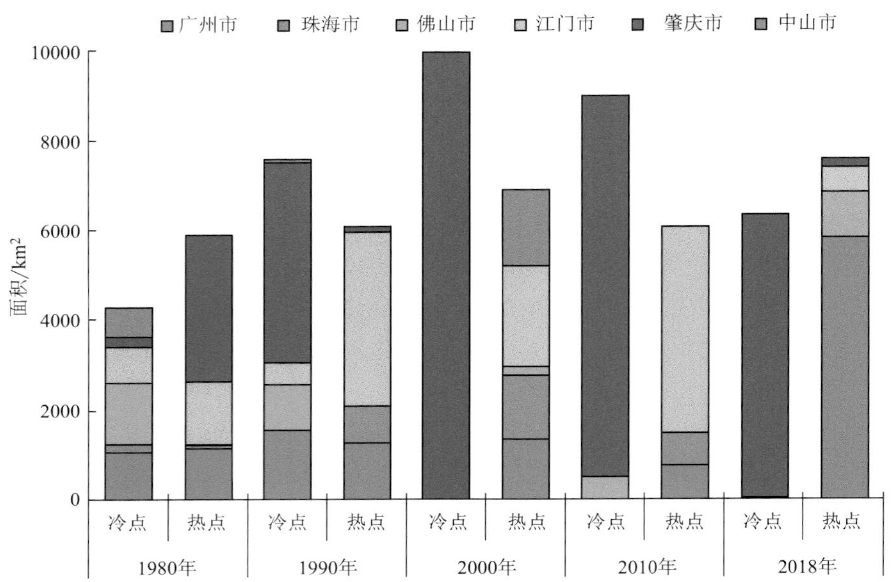

图 4.7 1980—2018 年珠江西岸基塘区各市产水服务冷热点面积

(2)从空间分布来看，由于产水服务受降雨量影响大，导致珠江西岸基塘区五个时期的产水服务分布格局迥异，尤其是中部地区变化较大，但整体看呈现西北低东南高的态势。

(3)从土地利用类型上看，珠江西岸基塘区建设用地、未利用地和基塘产水能力较强，其次是草地、耕地和林地。

4.3 珠江西岸地区土壤保持服务评估

4.3.1 研究方法与数据处理

InVEST 模型土壤保持服务模块相关计算方法和所用数据已在 3.1.3 部分详细阐述，本处不再介绍。

4.3.2 土壤保持服务时间变化

结合图 4.8 和表 4.3 可以看出，珠江西岸基塘区土壤保持量在 1980—2018 年呈现先降后升再降，总体上升的趋势，其中 1980—1990 年减少最多，减少量达到 2.09×10^{9} t，减少率 7.2%，2000—2010 年增长最多，达 8.40×10^{9} t，增长率达 29.59%，2018 年碳储量为 3.60×10^{10} t，较 1980 年增长 19.51%。

从市域来看，广州市在 1980—1990 年有小幅下降，而后持续增加，增速最快发生在 1990—2000 年，到 2018 年，广州市土壤保持量共增长 2.09×10^{9} t。佛山市与广州市情况类似，四个时段也呈现“降—增—增—增”趋势，到 2018 年共增长 3.19×10^{8} t。其余各市的变化情况不尽相同，珠海市在 1980—2018 年呈现“降—增—降—降”，整体下降的情况，江门市是“降—增—增—降”，整体增加，肇庆市是“降—降—增—增”，整体增加，中山市则是“降—增—降—增”，整体增加的情况。综合来看，除了珠海市在这 38 年土壤保持量下降外，其余各市均增加，其中广州市增幅最大，达到 28.98%，其次是佛山、肇庆，分别为 23.24%、20.31%。

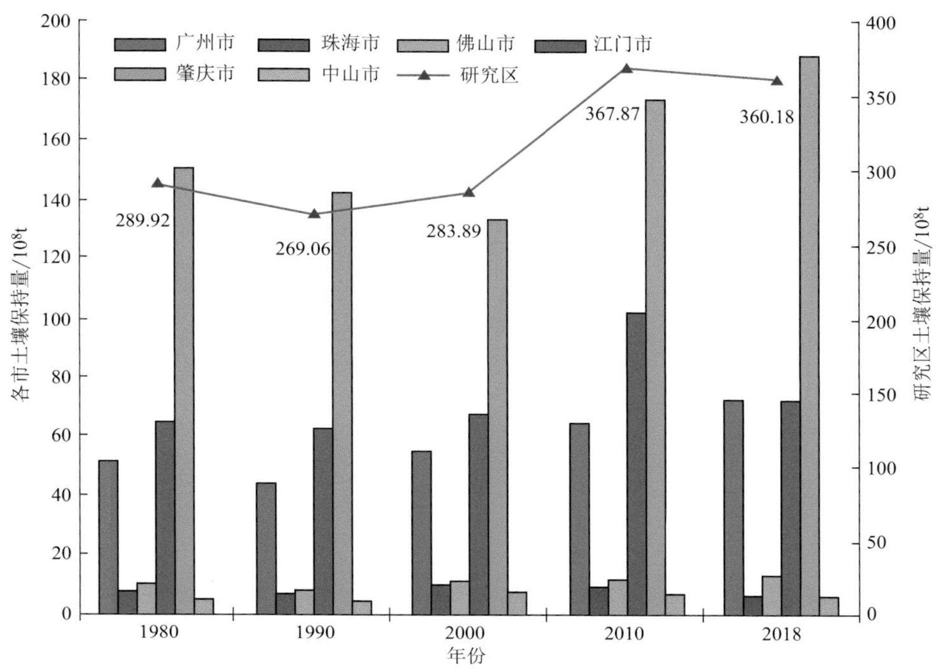

图 4.8　1980—2018 年珠江西岸基塘区各市土壤保持量

表 4.3　1980—2018 年珠江西岸基塘区各市土壤保持量变化

地点	1980—1990 年		1990—2000 年		2000—2010 年		2010—2018 年		1980—2018 年	
	变化量/(10^8t)	变化率/%	变化量/(10^8t)	变化率/%	变化量/(10^8t)	变化率/%	变化量/(10^8t)	变化率/%	变化量/(10^8t)	变化率/%
广州市	−6.99	−13.66	10.74	24.32	9.48	17.26	7.65	11.88	20.88	28.98
珠海市	−1.41	−17.88	2.75	42.55	−0.22	−2.35	−2.23	−24.82	−1.11	−16.37
佛山市	−2.47	−23.40	2.32	28.76	1.50	14.45	1.83	15.41	3.19	23.24
江门市	−1.43	−2.23	5.10	8.12	33.66	49.63	−28.95	−28.53	8.37	11.55
肇庆市	−7.59	−5.04	−9.32	−6.51	40.19	30.03	15.15	8.70	38.42	20.31
中山市	−0.98	−17.94	3.24	72.41	−0.62	−8.10	−1.14	−16.11	0.50	8.33
研究区	−20.86	−7.20	14.83	5.51	83.99	29.59	−7.69	−2.09	70.26	19.51

从时段上看，所有城市在 1980—1990 年都呈下降趋势；到了 1990—2000 年，除了肇庆，其余市均在增长，其中广州、佛山、珠海和中山的增幅最大；2000—2010 年江门肇庆增幅最大，2010—2018 年珠海和江门的降幅分别达到最大。

4.3.3　土壤保持服务空间变化

从空间分布来看，珠江西岸基塘区五个时期的土壤保持分布格局基本类似，高值普遍集中在西北、西南和东北部的高森林覆盖地区，低值主要集中在中东部地区(图 4.9)。

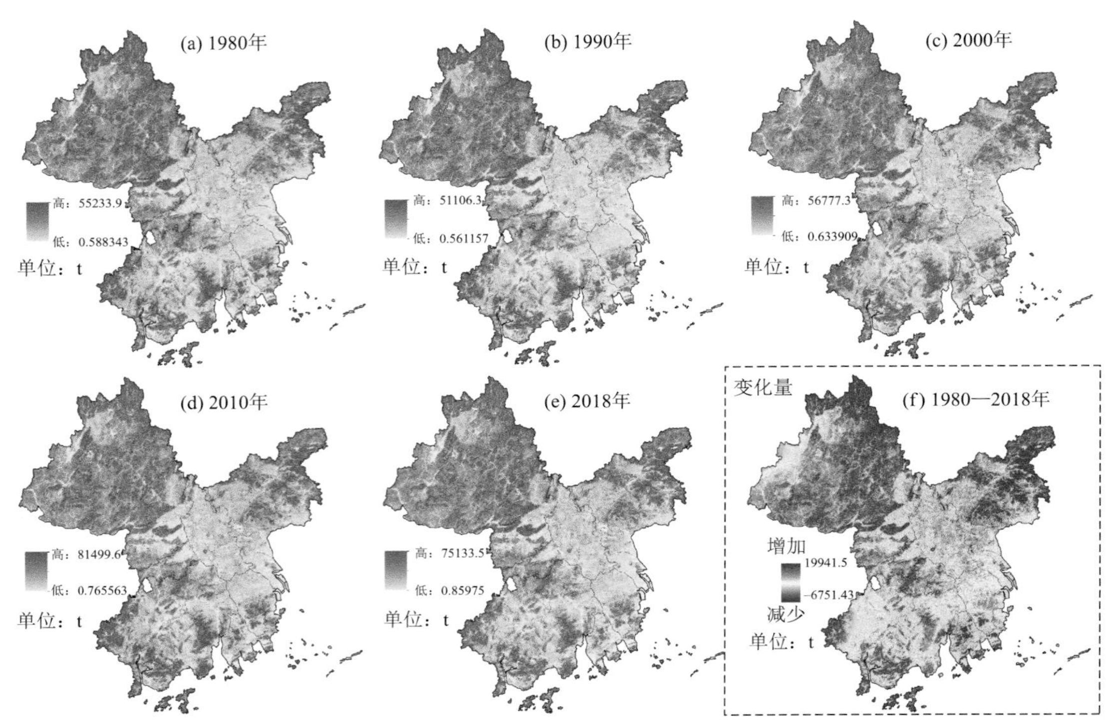

图 4.9　1980—2018 年珠江西岸基塘区土壤保持量及变化

从变化情况来看，1980—2018 年土壤保持量增加区域广泛分布在肇庆市大部、广州市北部、佛山市西部、江门市中部，土壤保持量减少区域发生在江门市东、西部和珠海市大部。分时段来看，1980—1990 年，土壤保持量减少区域范围较广，其中肇庆北部、江门南部地区减少最多，土壤保持增加区域出现在肇庆东部、江门北部、广州北部；1990—2000 年土壤保持增加区域主要发生在肇庆西北部、江门西南部，减少区域涵盖广州、中山、珠海、江门大部；2000—2010 年土壤保持减少区域发生在肇庆大部、广州北部及江门大部，增加区域出现在珠海东南部。2010—2018 年土壤保持减少区域出现在肇庆东部、广州东北部，增加区域出现在江门、中山、珠海大部（图 4.10）。

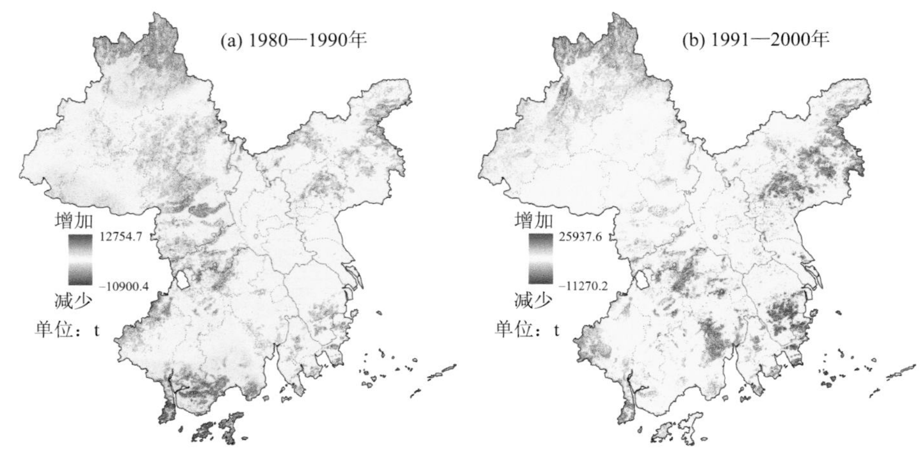

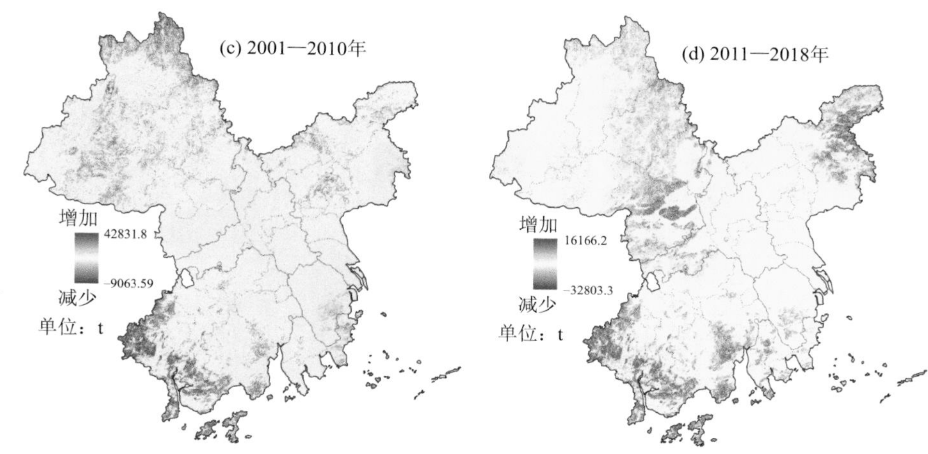

图 4.10 1980—2018 年分时段珠江西岸基塘区土壤保持量变化

4.3.4 不同土地利用类型的土壤保持量分析

根据图 4.11 和表 4.4 可知，林地持有研究区土壤保持量的 90%以上，单位面积上林地的土壤保持量高达 $1.16\times10^{6}\sim1.55\times10^{6}$ t/km^2，是其余用地的几倍至十几倍，是主导土壤保持服务的用地类型，其次是草地。这是由于林地和草地植物根系发达，具有较强土壤保持能力。耕地、建设用地和基塘等受人类活动干扰强的用地类型土壤保持能力弱，尤其是基塘，为所有用地类型最低。

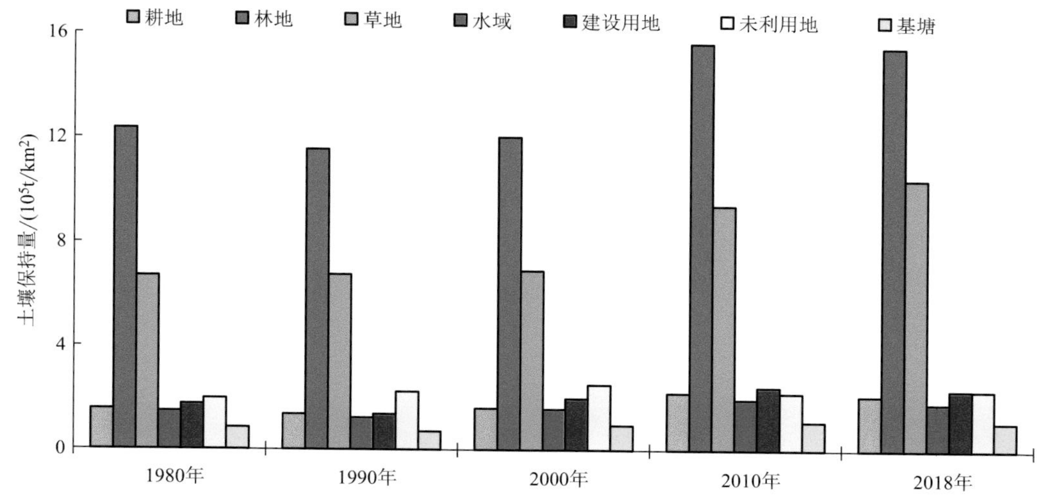

图 4.11 1980—2018 年珠江西岸基塘区各土地利用类型土壤保持能力

表 4.4 1980—2018 年珠江西岸基塘区各土地利用类型土壤保持量变化

	1980—1990 年		1990—2000 年		2000—2010 年		2010—2018 年		1980—2018 年	
	变化量/(10^8 t)	变化率/%	变化量/(10^8 t)	变化率/%	变化量/(10^8 t)	变化率/%	变化量/(10^8 t)	变化率/%	变化量/(10^8 t)	变化率/%
耕地	−17.22	−12.42	22.75	18.75	50.54	35.07	−3.73	−1.92	52.34	27.41

续表

	1980—1990 年		1990—2000 年		2000—2010 年		2010—2018 年		1980—2018 年	
	变化量/(10^8 t)	变化率/%	变化量/(10^8 t)	变化率/%	变化量/(10^8 t)	变化率/%	变化量/(10^8 t)	变化率/%	变化量/(10^8 t)	变化率/%
林地	−72.32	−6.51	44.15	4.25	325.91	30.08	−12.77	−0.91	284.98	20.41
草地	4.62	0.77	15.99	2.63	224.29	35.98	66.23	7.81	311.12	34.05
水域	−6.75	−5.80	32.82	29.94	35.31	24.79	−13.01	−7.32	48.37	29.36
建设用地	−27.58	−18.30	56.10	45.55	41.11	22.93	−8.38	−3.80	61.24	28.89
未利用地	24.22	13.64	26.13	12.95	28.74	17.71	18.27	11.28	97.36	13.89
基塘	−12.70	−16.83	23.79	37.89	12.88	14.87	−0.21	−0.21	23.75	23.93

从土壤保持量的时间变化看，1980—1990 年，除了草地和未利用地在增加，其余用地均出现不同程度减少，减少幅度最大的是建设用地，达 18.3%。1990—2010 年所有土地利用类型的土壤保持量不断增加，2010—2018 年与 1980—1990 年的变化一致，除了草地和未利用地，其余用地均减少。综合来看，相较于 1980 年，2018 年几乎所有用地类型的土壤保持量均呈增加趋势。

4.3.5 土壤保持冷热点分析

冷热点分析用于探究各项服务特征值分布聚集的高低程度——热点区要求高值聚集，冷点区要求低值聚集。根据图 4.12 和图 4.13 可以看到，在 99%置信区间内，土壤保持的热点区域主要集中在肇庆大部、江门西南部和广州北部，热点区域面积在 1980—2018 年经历了先

图 4.12　1980—2018 年珠江西岸基塘区土壤保持冷热点

降后增的变化，冷点区则处于波动减少状态。具体来看，38年间，广州市和佛山市的热点区域面积都呈“降—增—降—增”趋势，江门市相反，为“增—降—增—降”趋势，肇庆市呈“增—增—增—降”，中山市和珠海市均呈“降—增—降—降”趋势。

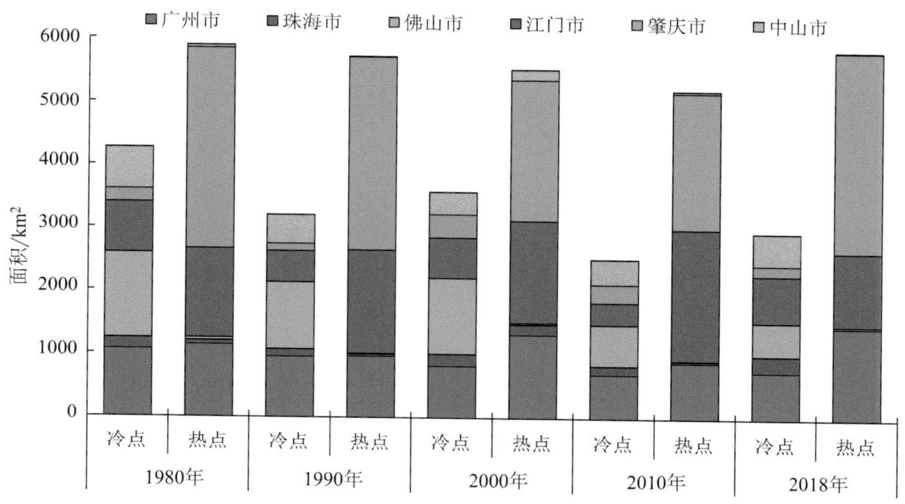

图4.13 1980—2018年珠江西岸基塘区各市土壤保持冷热点面积

4.3.6 主要结论

以珠江西岸为研究区域，基于1980—2018年五期土地利用数据，运用ArcGIS软件和InVEST模型运算得到研究期内的土地利用类型和土壤保持量情况，并分析了生态系统服务空间分布和冷热点格局。结果如下。

(1)珠江西岸基塘区土壤保持量在1980—2018年呈现先降后升再降，总体上升的趋势。从时段上看，所有城市在1980—1990年都呈下降趋势；到了1990—2000年，除了肇庆，其余市均在增长，其中广州、佛山、珠海和中山的增幅最大；2000—2010年江门肇庆增幅最大，2010—2018年珠海和江门的降幅分别达到最大。

(2)从空间分布来看，珠江西岸基塘区五个时期的土壤保持分布格局基本类似，高值普遍集中在西北、西南和东北部的高森林覆盖地区，低值主要集中在中东部地区。

(3)从土地利用类型上看，林地持有研究区土壤保持量的90%以上，是其余用地的几倍至十几倍，是主导土壤保持服务的用地类型，其次是草地。耕地、建设用地和基塘等受人类活动干扰强的用地类型土壤保持能力弱，尤其是基塘，为所有用地类型最低。

第5章

中山市生态系统综合评估与模拟研究

5.1 中山市地理概况

中山市作为珠江出海口城市之一，生态结构复杂且丰富，孕育出基塘系统，是典型的江河入海口城市；同时作为珠江三角洲地区重要一员，素来以绿色宜居城市闻名。但伴随着经济发展，中山市在近年城镇化的快速发展中生态问题愈发严重，生境质量发生改变。

中山市域面积 1800 km^2，下辖 15 个镇 8 个街道，常住人口 440 多万，GDP 总值超 3000 亿元，以二、三产业为主；位于珠江三角洲地区的中南部（22°11′—22°47′N，113°09′—113°46′E）（图 5.1）。北通广州市和佛山市顺德区，西接江门市、珠海市斗门区，东南连珠海市，毗邻港澳，地理位置优越。全境在北回归线以南，年平均气温 22℃，光热充足，雨量充沛，属亚热带季风气候，以热带雨林为主；地形以冲积平原为主，平原分布着水稻土和基水地，形成四周平坦，中南部以五桂山、竹嵩岭等山脉突起的地势特征。中山市素来以绿色宜居、“小而美”闻名海内外，先后获得联合国人居奖国家环保模范城市、全国文明城市、国家园林城市等荣誉，正构建珠江三角洲地区最具特色生态宜居城市以及融入珠三角国家森林城市建设中。

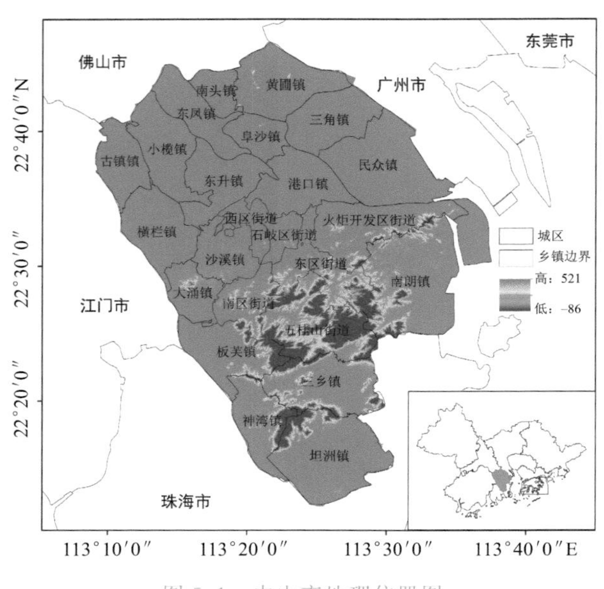

图 5.1 中山市地理位置图

5.2 中山市生态系统服务价值

5.2.1 数据来源与处理

NPP 数据和植被覆盖数据来源于广东省环境科学研究院低碳与生态研究中心项目《广东省生态十年(2000—2010)》,NPP 数据空间分辨率为 250 m,经重采样为 30 m 栅格数据,并转换投影方式为 WGS1984,单位为 $g/(m^2 \cdot a)$;植被覆盖数据由 TM 遥感影像解译所得,其数据空间分辨率为 30m。结合中山市植被类型情况,分为有林地、疏林地、灌木林地、经济林地、未成林地、农田用地、基塘用地和其他用地 7 类;气象数据来源于广东省气候中心和中山市气象局网,选择 2000 年、2005 年和 2010 年的逐月平均气温、逐月降水量和年太阳总辐射等的数据;DEM 数据来源于中国科学院计算机网络信息中心国际科学数据服务平台,其空间分辨率为 30 m,并进行几何校正、投影转换等处理。坡度数据采用二次曲面拟合法在 ArcGIS 中通过空间计算获取。土壤数据来源于广东省生态环境与土壤研究所,该数据为广东省第二次普查数据,是 1∶200000 广东省土壤类型分布图。从广东省土壤类型分布图中裁剪出中山市土壤类型分布数据,选取的投影方式及参数与 NPP 数据相同。

5.2.2 研究方法

生态系统的供给服务价值主要指生态系统通过初级生产、次级生产满足人类生存与发展的物质需求,包括有机物质生产和淡水资源供给等。这些产品能够在市场上进行交易,因此可采用直接市场法来评估生态系统的供给服务价值。

(1)有机物质生产价值

有机物质生产价值主要是指系统内部的绿色植被通过光合作用将自然界的 CO_2 和 H_2O 转化为有机质。NPP 是系统的净初级生产力指标,可以反映系统的植被覆盖情况,一定程度上可以指示系统的有机物质生产能力。本节以 NPP(单位:$g/(m^2 \cdot a)$)来估算生态系统的有机物质生产价值。生态系统生产有机物质价值的计算公式如下:

$$V_{OM} = \sum N_{NPP}(x) \times P_{OM} \tag{5.1}$$

$$P_{OM} = N_{NPP}(x) \times 1.474\ \text{g} \times 345.5\ \text{元} \tag{5.2}$$

式中,V_{OM} 为生态系统有机物质生产价值,$N_{NPP}(x)$ 为像元 x 每年生产的有机物质,单位:$g/(m^2 \cdot a)$,P_{OM} 是有机物质的价格。采用替代价值法来计算有机物质的价格:先将生态系统 NPP 的生物碳含量转换成有机物质量:1 gC=2.2 g 有机物质;然后用市场上流通的有价格的标煤来计算有机物质的含量,计算公式为:1 g 有机物质=2.2×0.67=1.474 g 标煤,标煤的价格取 345.5 元/t(1990 年不变价)(段锦 等,2012),因此有机物质价格 P_{OM} 计算公式见式(5.2)。

(2)水资源供给价值

水资源供给是指生态系统为人类的生活和生产提供的淡水资源,包括农业用水、工业用水和生活用水,水资源供给价值计算公式可表示为:

$$V_W = \sum R_i \times P_{Wi} \tag{5.3}$$

式中，V_W 为水资源供给价值，R_i 为第 i 种用水类型的用水量(m^3)，i＝生活用水、工业用水、农业用水，P_{Wi} 为第 i 种用水类型的价格(元/m^3)。中山市生活用水和农业用水平均价格为 1.17 元/m^3，工业用水的平均价格为 1.32 元/m^3。2000 年中山市全市农业用水、工业用水和生活用水的用水量分别为 6.1×10^8 m^3、1.02×10^8 m^3 和 1.54×10^8 m^3；2005 年中山市全市农业用水、工业用水和生活用水的用水量分别为 4.80×10^8 m^3、7.50×10^8 m^3 和 2.80×10^8 m^3；2010 年中山市全市农业用水、工业用水和生活用水的用水量分别为 6.46×10^8 m^3、9.94×10^8 m^3 和 2.93×10^8 m^3。

(3)气体调节价值

生态系统的气体调节价值是指植被吸收空气中由于人口大量增长、工业迅速发展所排放的 CO_2 价值，同时包括释放 O_2 所产生的价值。采用市场价值法来估算生态系统的气体调节价值，计算公式如下：

$$V_Q = V_{CO_2} + V_{O_2} \tag{5.4}$$

$$V_{CO_2} = \sum 1.63 \times NPP(x) \times P_{CO_2} \tag{5.5}$$

$$V_{O_2} = \sum 1.2 \times NPP(x) \times P_{O_2} \tag{5.6}$$

式中，V_Q 为生态系统气体调节价值，V_{CO_2} 为吸收 CO_2 的价值，V_{O_2} 为释放 O_2 的价值。根据光合作用反应方程式，1 g 干物质的形成需要吸收 1.62 g CO_2、释放 1.2 g O_2。P_{CO_2} 为碳税率价格，取值为 7.39×10^4 元/g、P_{O_2} 为工业制氧的价格，取值为 8.8×10^4 元/g。

(4)水源涵养价值

生态系统的水源涵养达到了建造水库来维持水量的效果，因此可采用替代工程法来估算生态系统的水源涵养价值，即通过计算水库建设的平均库容费用来表示生态系统的水源涵养服务价值，计算公式如下：

$$V_{Wh} = \sum V(x) \times P_W \tag{5.7}$$

式中，V_{Wh} 为生态系统水源涵养价值；$V(x)$为像元 x 每年的涵养水量(m^3)；P_W 为建成单位库容的成本，取值为 5.714 元/t。

当生态系统的下垫面植被类型不同时，所提供的水源涵养能力也不同，因而计算生态系统涵养水量要注意区分不同的植被类型，涵养水量计算公式如下：

$$V_S(x) = \sum L(x) \times K_W \times R_W \tag{5.8}$$

式中，$V_S(x)$为当下垫面为第 s 类植被时像元 x 每年的涵养水量(m^3)，$L(x)$为像元 x 的逐月降水量(mm)，K_W 为估算产流降雨量占降雨总量的比例系数，取值为 0.6；R_W 为与无植被覆盖的裸地比较，有植被覆盖的生态系统减少径流的效益系数，其中农田取值为 0.4、森林取值为 0.29、园地取值为 0.24、城市和荒地取值为 0。

(5)空气净化价值

生态系统的净化作用指系统内的植被直接吸附空气中的有毒尘埃、气体，以及吸收转化土壤中的有毒污染物质。根据中山市空气污染特点，评价的空气净化价值主要包括生态系统吸收 SO_2 和阻滞粉尘的经济价值。计算公式如下：

$$V_{JH} = V_{SO_2} + V_d \tag{5.9}$$

$$V_{SO_2} = \sum Q_{SO_2}(x) \times P_{SO_2} \tag{5.10}$$

$$V_d = \sum Q_d(x) \times P_d \tag{5.11}$$

式中，V_{JH} 为生态系统的空气净化价值(元)；V_{SO_2} 为生态系统吸收 SO_2 的经济效益(元/(hm^2 · a))，V_d 为生态系统滞尘的经济效益；$Q_{SO_2}(x)$ 为像元 x 年吸收 SO_2 的能力(kg/(hm^2 · a))，$Q_d(x)$ 为像元 x 年滞尘的能力(t/hm^2 · a)；P_{SO_2} 为 SO_2 的平均处理成本(元/kg)，P_d 为滞尘的平均处理成本(元/kg)。阔叶林吸收 SO_2 的能力 88.65 kg/(hm^2 · a)，针叶林对 SO_2 的吸收能力为 117.6 kg/(hm^2 · a)；阔叶林的年滞尘能力为 10.11 t/(hm^2 · a)，针叶林的年滞尘能力为 33.2 t/(hm^2 · a)。SO_2 的年平均治理费为 600 元/t，粉尘的年平均治理费为 170 元/t。

(6)水文调节价值

生态系统的水文调节作用指生态系统对区域包括海洋、湖泊、河流的调节，采用工程替代法计算其价值，计算公式为：

$$V_{WT} = \sum C_W \times R_r \tag{5.12}$$

式中，V_{WT} 为生态系统水文调节服务价值(元/a)；C_W 为水库工程造价费用(元/m^3)；R_r 为水库的蓄水变量(m^3)。单位库容造价取 5.714 元/t，中山市 2000 年、2005 年和 2010 年水库的蓄水变量分别为 $1.10\times10^8 m^3$、$1.64\times10^8 m^3$ 和 $1.72\times10^8 m^3$。

(7)土壤保持价值

生态系统的土壤保持价值包括维持系统的土壤肥力价值、减少河道淤积价值和减少土壤侵蚀量等服务功能，因此土壤保持价值计算公式可表示为：

$$V_{ac} = V_{ef} + V_{en} + V_{es} \tag{5.13}$$

式中，V_{ac} 为生态系统的土壤保持价值，V_{ef} 为减少表土损失的价值，V_{en} 为减轻泥沙淤积的价值，V_{es} 为保持土壤肥力的价值。这三类服务价值均以土壤保持量作为生态服务价值估算的基本物质量，分别利用市场价值法、机会成本法和影子工程法估算生态系统这三类服务价值。

① 水土保持物质量计算

生态系统对土壤的保持量可通过计算当生态系统有植被覆盖时土壤侵蚀量与无植被覆盖时潜在土壤侵蚀量之差，即可得出各生态系统保持的土壤量。

无植被覆盖的潜在土壤侵蚀量计算不考虑土地覆盖类型和土壤管理因素，即 C=1，P=1，计算公式如下

$$A_p = R \times K \times L \times S \tag{5.14}$$

$$A_c = \sum A_p(x)A(x) \tag{5.15}$$

式中，A_p 为潜在土壤侵蚀量，单位：t/(hm^2 · a)，A 为实际植被覆盖的土壤侵蚀量，A_c 为土壤保持量，单位：t/(hm^2 · a)，R 为降雨侵蚀力，K 为土壤可蚀性，L 为坡长因子，S 为坡度因子。

② 维持土壤肥力价值估算

N(氮)、P(磷)、K(钾)和有机物质是土壤中最重要的营养物质，水土流失让这些土壤营养物质大量流失，导致土壤肥力下降，因此就需要增加化肥用量来保持土壤生产力。采用影子工程法，土壤有机质损失的价值折合为所增加薪柴的费用来代替，土壤中 N、P、K 损失的价值折合为使用化肥的费用来代替。土壤肥力价值计算公式如下：

$$V_{ef}=\sum A_c(x)\times C_o\times R_{wood}\times P_{wood}+\sum A_c(x)\times C_i\times P_i \tag{5.16}$$

式中，V_{ef} 为维持土壤肥力价值，单位：元/a；$A_c(x)$为像元 x 的单位土壤保持量，单位：t/(km^2·a)，i 代表 N、P、K 三种元素；C_o 为土壤有机质含量(t/km^2)；R_{wood} 为薪柴与有机质的换算比例，取值为 0.5；P_{wood} 为薪柴的价格，根据市场流通价格折合为机会成本价，为 51.3 元/t；C_i 为 N、P、K 在土壤中的含量；P_i 为 N、P、K 的单位价值。

③ 减少表土损失的价值估算

生态系统减少表土损失的价值可以通过土壤保持量和土层平均厚度来推算，可采用机会成本法来计算该项服务功能，计算公式如下：

$$V_{es}=\sum A_c(x)\times P_f\div D\div T\times 10^{-8} \tag{5.17}$$

式中，V_{es} 为减少表土损失的价值，单位：元/a；P_f 为种植森林的经济收益，取 26400 元/km^2；D 为土壤容重，取 1.28 t/m^3；T 为平均土层厚度，取 0.5 m。

④ 减轻泥沙淤积的经济效益

根据机会成本法，利用水库蓄水成本计算生态系统减轻水库、河流、湖泊的泥沙淤积价值。根据欧阳志云等(2004)的研究，我国主要河流的泥沙运动规律是土壤侵蚀中有 24%的泥沙淤积在水库、江河、湖泊中。

$$V_{en}=\sum A_c(x)\times 24\%\times P_w\div D\div 10000 \tag{5.18}$$

式中，V_{en} 为减轻泥沙淤积的价值；P_w 为建成单位库容的成本花费(6.9 元/m^3)；D 为土壤容重，取 1.28 t/m^3。

(8)营养循环价值

生态系统通过光合作用，氮、磷、钾和无机环境中的其他营养元素转化成有机物质，为生态系统的蓬勃发展提供所需的营养物质，保持生物和生态系统的生态平衡。区域生态系统营养循环功能价值估算基于植物净初级生产力(NPP)的材质，根据这三种营养元素(N、P、K)在有机物质的预算分配求得(表 5.1)。估算公式如下：

$$V_{nc}=\sum N_{NPP}(x)\times R_{i1}\times R_{i2}\times P_i \tag{5.19}$$

式中，i 表示 N、P、K 三种元素；V_{nc} 是生态系统营养物质循环价值；R_{i1} 为不同生态系统中 i 元素在有机物质中的分配率(%)；R_{i2} 是 i 元素折算成化肥的比例(%)；P_i 表示 i 肥的平均价格(元/t)。

表 5.1 不同生态系统类型各营养元素含量

生态系统类型	氮含量/%	磷含量/%	钾含量/%
农田	1.3203	0.87	0.8874
森林	2.669	0.179	1.729
园地	1.3289	0.0093	0.8908
水体	0.4204	0.0901	0.1802
城市	1.3273	0.0091	0.8909
荒地	1.3273	0.0091	0.8909

注：数据来源文献(郭伟，2012)。

(9)生物多样性价值

生物多样性维护的价值属于非使用价值范畴,目前来说主要应用意愿调查法对生态系统的生物多样性价值进行评估,通过对研究区范围内占一定比例的人群发放调查问卷,了解他们对进行生物生存环境、物种类型和基因资源保护的支付意愿和补偿意愿,以调查人们愿意为生物多样性的保护付出多少支付和补偿费用,再乘以相应的比例从而估算出生态系统的生物多样性价值。考虑到用意愿调查法计算时需要耗费大量时间、人力和经费来收集研究区域的大量调查数据,而且调查结果受被调查人群的文化程度、收入和年龄等因素影响。因此,本节在参考国内学者的相关研究结论基础上,采用价值当量法对生物多样性维护价值进行评估(谢高地 等,2008),计算公式如下:

$$V_D = \sum_i^6 R_i(x) \times \gamma_i \times 10^{-8} \tag{5.20}$$

式中,V_D 为生态系统生物多样性维护的价值(元/a);$R_i(x)$为第 i 种生态系统类型在第 x 基本单元中的面积(m^2);γ_i 为第 i 种土地类型生物多样性维护价值当量(元/ hm^2 · a)。

(10)文化服务价值

当前广泛应用于生态系统文化价值评估的方法主要有意愿调查法、费用支出法等。意愿调查法通过发放问卷的方式,对生态系统景区占一定人口比例的人们进行支付意愿调查和补偿意愿调查,以调查结果来反映生态系统的文化价值;费用支出法将游憩文化价值表征为游客旅行过程中的交通费、住宿费、超出平时的餐饮费用、门票费,以及其他游玩费的总和。利用基于专家知识的生态系统服务价值当量的调查结果对生态系统文化服务价值进行估算(谢高地 等,2003),计算公式如下:

$$V_R = \sum_i^6 R_i(x) \times \beta_i \times 10^{-8} \tag{5.21}$$

式中,V_R 为生态系统生物多样性维护的价值(元/a);$R_i(x)$为第 i 种生态系统类型在第 x 基本单元中的面积(m^2);β_i 为第 i 种土地类型生物多样性维护价值当量(元/(hm^2 · a))。

5.2.3 中山市生态系统服务价值估算

一定区域内的生态系统服务价值总量是区域内所有生态系统类型提供的服务功能价值总和,并随着区域内所含有的生态系统类型、面积、质量的变化而变化,同时也是一个随时间动态变化的量值,区域生态系统服务价值总量公式为:

$$V = \sum_i^n \sum_j^m V_{ij} \tag{5.22}$$

式中,V 为区域生态系统服务功能总价值,V_{ij} 为第 i 类生态系统类型的第 j 种生态服务功能价值。

利用各单项生态系统服务功能的具体评价方法以及式(5.22),计算出 2000 年、2005 年和 2010 年中山市生态系统总服务价值分别为:3.69×10^{10} 元、3.40×10^{10} 元、3.34×10^{10} 元(图 5.2)。2000—2010 年,中山市生态系统服务总价值呈减小趋势,由 2000 年的 3.69×10^{10} 元减小到 2010 年的 3.34×10^{10} 元,年均减小率为 0.97%,其中 2000—2005 年和 2005—2010 年的年均减小率分别为 1.60%和 0.37%,前期减小率远大于后期。

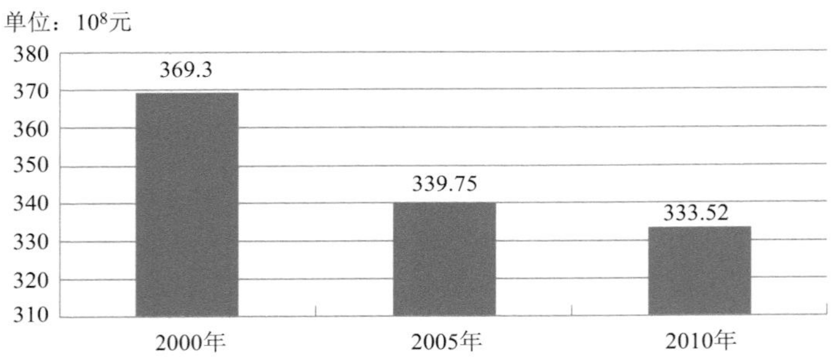

图 5.2 中山市生态系统服务价值统计图

5.2.4 中山市生态系统服务价值时间变化分析

(1)单项生态系统服务类型价值变化

2000—2010 年，中山市各单项生态系统服务价值中淡水供给和水文调节的价值在逐年增加，年均增长率分别为 13.43%和 5.60%。土壤保持价值先减少后增加，2000—2005 年的年均减少率高于 2005—2010 年的年均增加率。美学景观价值先增加后减少，2000—2005 年的年均增长率明显高于 2005—2010 年的年均减少率。物质生产、气体调节、水源涵养、空气净化、营养循环和生物多样性保护价值均呈现逐年减少的变化(表 5.2)。

表 5.2 中山市单项生态系统服务类型价值

生态系统服务功能类型		总价值/10^8 元			年均变化率/%		
一级类型	二级类型	2000 年	2005 年	2010 年	2000—2005 年	2005—2010 年	2000—2010 年
供给功能	物质生产	14.59	10.32	8.37	−5.84	−3.79	−4.26
	淡水供给	10.29	18.79	24.11	16.53	5.66	13.43
调节功能	气体调节	103.49	91.92	83.03	−2.24	−1.93	−1.98
	水源涵养	162.86	153.22	147.25	−1.18	−0.78	−0.96
	空气净化	16.35	15.54	11.97	−0.99	−4.60	−2.68
	水文调节	6.31	9.35	9.85	9.63	1.06	5.60
支持功能	土壤保持	34.80	27.99	30.02	−3.91	1.45	−1.37
	营养循环	0.60	0.57	0.48	−1.10	−2.98	−1.96
	生物多样性	13.49	12.03	11.46	−2.16	−0.95	−1.50
美学功能	美学景观	6.52	9.53	9.32	9.22	−0.45	4.28
合计		369.30	339.75	333.52	−1.60	−0.37	−0.97

(2)不同生态系统类型服务价值变化

2000—2010 年，中山市各生态系统服务总价值的变化情况为：农田、森林生态系统提供的价值呈逐年减少趋势；园地、城市和荒地生态系统价值 2000—2005 年增加，2005—2010 年减少；水域生态系统价值 2000—2005 年减少，2005—2010 年增加。各生态系统单位面积生态服务价值的变化情况为：除水域外，其余生态系统的单位面积生态服务价值均为 2010 年比 2000

年有所减少。其中，农田、园地、城市、荒地的单位面积生态服务价值呈先增加后减少的趋势，且2005—2010年的年均减少率大于2000—2005年的年均增加率；水域生态系统的单位面积服务价值则出现先减少后增加趋势，且2005—2010年的增加趋势较为明显；森林生态系统单位面积服务价值则一直呈现减少趋势，2005—2010年减少幅度加大（表5.3）。

表5.3 2000—2010年中山市生态系统服务总价值变化情况

	年份	农田	森林	园地	水域	城市	荒地
总价值/亿元	2000年	90.64	97.07	26.15	141.96	13.18	0.30
	2005年	80.52	86.79	30.15	122.55	19.30	0.45
	2010年	60.64	74.81	16.35	164.47	17.25	0.01
总价值年均变化率/%	2000—2005年	−2.23	−2.12	3.06	−2.74	9.29	9.94
	2005—2010年	−4.94	−2.76	−9.15	6.84	−2.13	−19.65
	2000—2010年	−3.31	−2.29	−3.75	1.59	3.09	−9.74
单位面积价值/（万元/hm^2）	2000年	17.94	29.59	29.21	33.53	3.54	9.04
	2005年	18.26	27.67	33.96	32.58	3.87	12.80
	2010年	15.77	24.57	18.54	43.18	3.06	2.13
单位面积价值变化率/%	2000—2005年	0.36	−1.30	3.25	−0.57	1.86	8.33
	2005—2010年	−2.72	−2.24	−9.08	6.50	−4.18	−16.68
	2000—2010年	−1.21	−1.69	−3.65	2.88	−1.35	−7.65

随着时间的推移，不同类型土地生态系统所提供的生态服务价值呈现不同趋势和不同幅度的变化。森林生态系统的服务价值自2000年以来一直减少，尤其是2005—2010年，其生态服务价值的减少幅度增大；水域生态系统的服务价值2000—2005年减少，但2005—2010年增加，总体上呈现增长势头；城市和荒地的服务价值在总价值中占比相对较少，而且在研究期间呈现逐年减少的趋势。从生态系统服务总价值来看，中山市生态服务总价值一直处于减少的趋势。其主要原因是随着经济的快速发展，城市化进程加快，在经济利益的驱动下，森林、水域和农田等服务价值较高的生态系统被改造成城市生态系统，进而导致全市的生态服务价值总量减少（张轶秀，2011）。

5.2.5 中山市生态系统服务价值空间异质性分析

（1）中山市生态系统服务价值空间分布

基于GIS实现生态系统服务价值的空间分布，是对生态系统服务的空间异质性进行研究的前提。利用矩形网格技术，建立将自然环境特征和气候气象特征融入生态系统服务价值数据研究的技术方法，确保能够反映区域的空间异质性，得出中山市2000年、2005年、2010年生态系统服务价值空间分布（图5.3）。

2000—2010年中山市生态系统服务价值的空间分布大致以“大涌镇—沙溪镇—石岐区—火炬开发区—南朗镇北部”分为南北两部分，生态系统提供的价值总体上南部大于北部。南部大部分地区的生态系统服务价值高于15000元/hm^2，而北部大部分地区的生态系统服务价值地域低于15000元/hm^2。北部的生态系统服务价值变化比较剧烈，其中生态系统服务价值

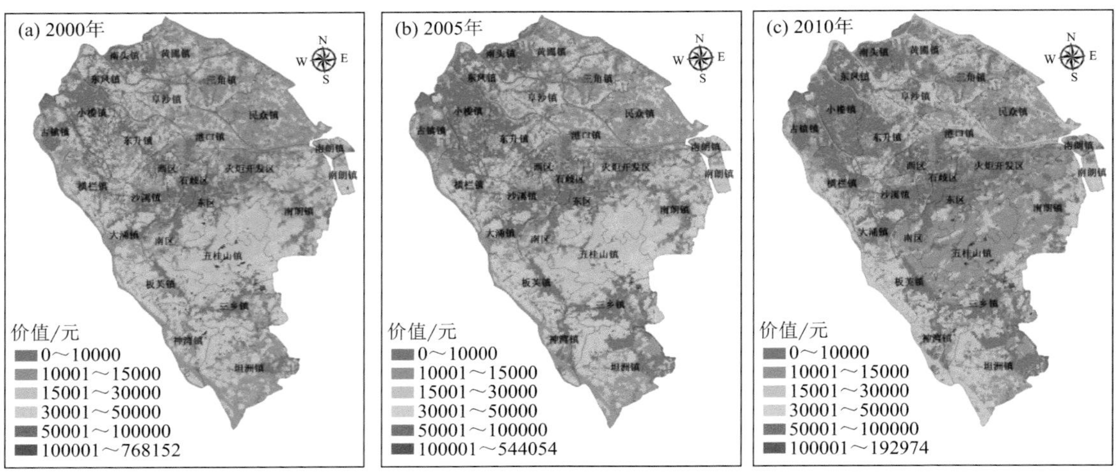

图 5.3　中山市 2000 年、2005 年、2010 年生态系统服务价值分布图

30000 元/hm² 的面积减少最快。2000 年、2005 年和 2010 年中山市生态系统服务价值高于 15000 元/hm² 的面积占全市面积比例分别为 50.62%、46.60%、34.56%，呈减少趋势。其中 15000～30000 元/hm² 减少最快，2000 年、2005 年和 2010 年占比分别为 23.80%、21.30%和 11.63%；而低于 10000 元/hm² 增加最快，2000 年、2005 年和 2010 年占比分别为 21.89%、28.98%和 32.75%（表 5.4）。

表 5.4　2000 年、2005 年和 2010 年中山市生态系统服务价值分类面积及占比

价值范围/(元/hm²)	2000 年面积/hm²	2005 年面积/hm²	2010 年面积/hm²	2000 年面积占比/%	2005 年面积占比/%	2010 年面积占比/%
10000 以下	37576	49896	56400	1.96	2.61	2.95
10000～15000	47452	42049	56289	2.48	2.20	2.94
15000～30000	40987	36682	20034	2.14	1.92	1.05
30000～50000	45314	42931	38831	2.37	2.24	2.03
50000 以上	966	638	640	0.04	0.03	0.03

为便于对中山市生态系统服务价值的分布情况作更深入的分析，现根据中山市生态系统服务价值的大小，对生态服务价值进行等级划分，共分为“高、较高、中、较低、低”五个等级（表 5.5）。

表 5.5　中山市生态系统服务价值等级划分

生态系统服务价值范围	10000 元/hm² 以下	10001～15000 元/hm²	15001～30000 元/hm²	30001～50000 元/hm²	50001 元/hm² 以上
等级	低	较低	中	较高	高

利用中山市生态系统类型分布图与生态系统服务价值分布图作叠置分析，统计各年份不同生态系统服务价值在各生态系统类型的分布情况如表 5.6、表 5.7、表 5.8 所示。

表 5.6 2000 年不同等级生态系统服务价值在各生态系统类型的分布比例

占比	农田/%	森林/%	园地/%	水域/%	城市/%	荒地/%
低	2.62	0.48	0.77	1.75	93.55	0.83
较低	75.82	0.40	0.45	21.58	1.73	0.01
中	29.80	47.17	20.09	1.50	1.44	0.01
较高	2.86	27.34	0.35	68.01	1.43	0.01
高	2.06	88.69	8.26	0.30	0.66	0.03

表 5.7 2005 年不同等级生态系统服务价值在各生态系统类型的分布比例

占比	农田/%	森林/%	园地/%	水域/%	城市/%	荒地/%
低	2.04	0.37	0.75	1.10	95.73	0.02
较低	72.21	0.42	0.47	24.15	1.95	0.79
中	31.22	53.39	12.05	1.46	1.87	0.02
较高	2.90	25.46	8.92	61.42	1.30	0.00
高	1.21	87.20	11.13	0.18	0.28	0.00

表 5.8 2010 年不同等级生态系统服务价值在各生态系统类型的分布比例

占比	农田/%	森林/%	园地/%	水域/%	城市/%	荒地/%
低	1.63	0.33	0.73	1.04	96.21	0.06
较低	53.67	34.44	8.22	1.52	2.14	0.01
中	31.49	0.30	17.96	48.70	1.54	0.01
较高	2.56	26.42	0.28	69.35	1.40	0.00
高	0.28	88.17	11.03	0.20	0.32	0.00

2000—2010 年中山市生态系统低值区主要分布在城市生态系统范围，三个时期的分布比例均超过了 90%。生态系统服务较低值区主要分布在农田生态系统，三个时期的分布比例超过 50%，值得注意的是，农田生态系统服务较低值区占比呈现减少趋势，由 2000 年占比 75.82%减少到 2010 年占比 53.67%，这说明了随着农产品价值的提高，农田生态系统服务价值也有所提高。生态系统服务中值区 2000 年和 2005 年主要分布在森林生态系统，占比分别为 47.17%和 53.39%，到了 2010 年却主要分布在水域生态系统，占比为 48.70%，生态系统服务中值区在各生态系统类型分布占比波动较大。生态系统服务较高值区主要分布在水域生态系统，三个时期的分布比例在 60%～70%，生态系统服务较高值区在各生态系统类型分布占比波动较小。同样地，生态系统服务高值区主要分布在森林生态系统，三个时期的分布比例在 88%左右，生态系统服务高值区在各生态系统类型分布占比波动也很小。

若以镇区作为统计单元，各镇区生态系统的服务价值如图 5.4 所示，可以看出：2000 年各镇区生态系统服务价值最高的五个镇为南朗镇、坦洲镇、五桂山镇、三乡镇和板芙镇，2000 年生态系统价值最低的五个镇区为石岐区、西区、南头镇、南区、小榄镇；2005 年各镇区生态系统服务价值最高的五个镇为南朗镇、坦洲镇、五桂山镇、民众镇、板芙镇，2005 年生态系统价值最低的五个镇区为石歧区、南头镇、西区、小榄镇、古镇镇；2010 年各镇区生态系统服务价值最高的五个镇为南朗镇、坦洲镇、板芙镇、民众镇、五桂山镇，2010 年生态系统服务价值最低的五个镇区为石岐区、西区、南头镇、小榄镇、南区。

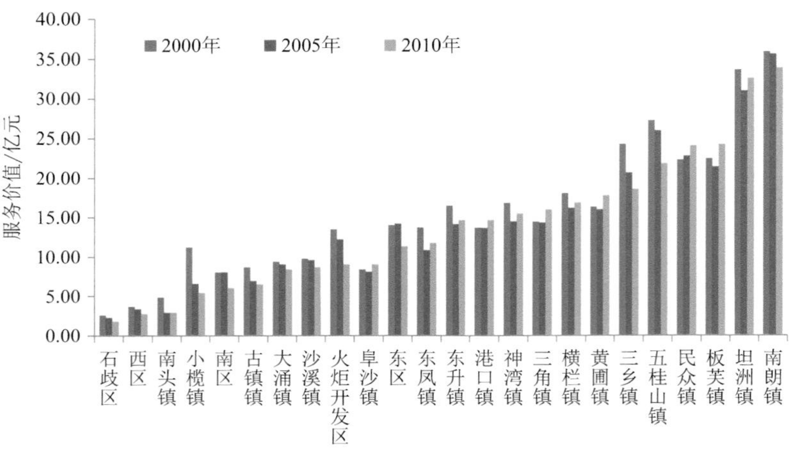

图 5.4 中山市镇区生态系统服务价值统计图

分析图 5.5 可知，通常情况下各镇的生态系统服务总价值在一定程度上与行政单元面积相关，行政面积越大生态系统总服务价值就越高。但是由于不同生态系统提供的服务有所不同，以及各生态系统在各镇的分布存在差异，进而导致同等面积下不同生态系统的服务价值有差异。例如小榄镇的行政单元面积(7171.83 hm^2)明显大于东凤镇的行政单元面积(5614.29 hm^2)，但是两镇 2000 年、2005 年、2010 年的生态系统服务价值分别为(11.26 亿元、6.55 亿元、5.42 亿元)、(13.73 亿元、10.85 亿元、11.75 亿元)，东凤镇的生态系统服务价值显然大于

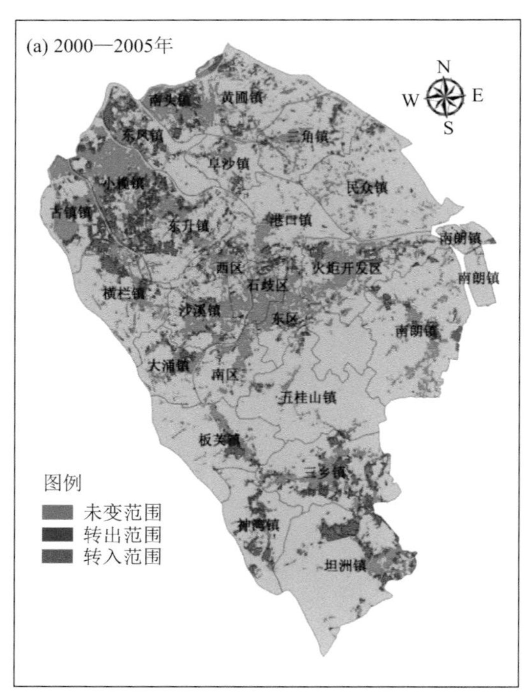

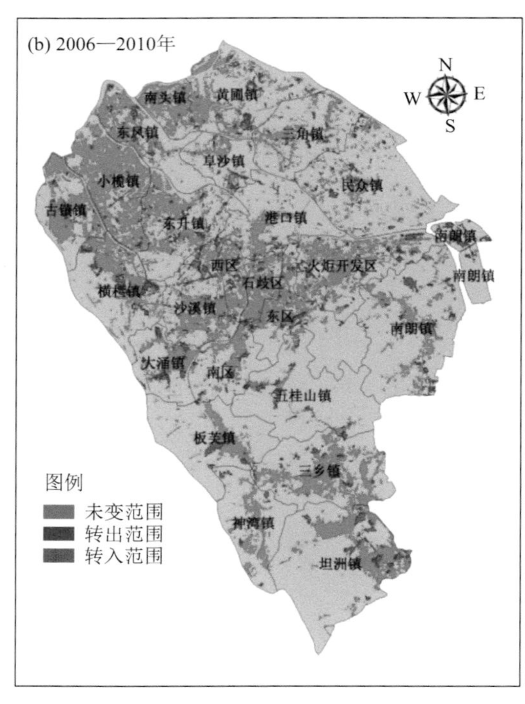

图 5.5 2000—2010 年生态系统服务低值区变化范围

小榄镇的生态服务价值。由于小榄镇地区工业相对发达，城市化速度较快，森林等生态系统占比较少；而东凤镇农业比重相对较高，农田和水域等生态系统分布较广，所以东凤镇的生态服务价值也相对较高。

从时间上看，2000—2010年各镇生态系统服务单位面积价值也呈现不同的变化，总体上以生态系统服务单位面积价值逐年降低为主(表5.9)。2010年生态系统服务单位面积价值较2000年增加的镇有阜沙镇、港口镇、三角镇、黄圃镇、民众镇、板芙镇、坦洲镇。通过对比分析，发现这些镇的农业比重相对其他镇较高，而且水域等生态系统面积占比大，因而随着水域生态系统服务功能的提高，相应地区生态系统服务价值也有所提高。

表5.9 2000年、2005年和2010年中山市各镇区生态系统服务价值统计

镇区	面积/hm^2	2000年价值/(10^8元)	2005年价值/(10^8元)	2010年价值/(10^8元)	2000年单位面积价值/(万元/hm^2)	2005年单位面积价值/(万元/hm^2)	2010年单位面积价值/(万元/hm^2)
石岐区	2266.56	2.60	2.26	1.83	11.48	9.96	8.07
西区	2414.25	3.71	3.35	2.75	15.35	13.87	11.38
南头镇	2686.32	4.85	2.93	2.90	18.04	10.89	10.81
小榄镇	7171.83	11.26	6.55	5.42	15.70	9.13	7.55
南区	4458.24	8.06	8.03	6.01	18.07	18.01	13.47
古镇镇	5143.23	8.70	6.92	6.50	16.92	13.45	12.64
大涌镇	4170.96	9.41	9.07	8.40	22.55	21.74	20.13
沙溪镇	5436.45	9.82	9.58	8.69	18.06	17.63	15.98
火炬开发区	8347.77	13.50	12.21	9.03	16.17	14.63	10.81
阜沙镇	3511.53	8.41	8.09	9.03	23.96	23.02	25.71
东区	7197.57	14.00	14.19	11.33	19.46	19.72	15.74
东凤镇	5614.29	13.73	10.85	11.75	24.45	19.33	20.92
东升镇	7396.2	16.46	14.13	14.65	22.25	19.11	19.81
港口镇	7005.42	13.70	13.65	14.65	19.56	19.48	20.92
神湾镇	6107.22	16.82	14.50	15.45	27.54	23.74	25.29
三角镇	7003.53	14.41	14.32	15.96	20.58	20.44	22.78
横栏镇	7729.83	18.02	16.17	16.82	23.32	20.92	21.76
黄圃镇	8611.29	16.33	15.95	17.70	18.96	18.52	20.55
三乡镇	9195.66	24.24	20.59	18.48	26.36	22.39	20.09
五桂山镇	10420.2	27.17	25.93	21.79	26.08	24.89	20.91
民众镇	12048.57	22.27	22.76	24.01	18.48	18.89	19.93
板芙镇	8351.55	22.42	21.34	24.20	26.84	25.55	28.97
坦洲镇	14014.8	33.55	30.86	32.44	23.94	22.02	23.15
南朗镇	15892.02	35.86	35.56	33.76	22.56	22.38	21.25

(2)中山市生态系统服务价值空间转移分析

仅通过以上生态系统服务价值的数量变化和面积变化统计数据，难以准确反映生态服务

价值的空间异质性。通过构建生态系统服务价值转移矩阵能够有效地描述不同时期不同等级的生态服务价值空间相互转化情况，以期更好地揭示生态系统的空间异质性。利用 ArcGIS 中的 Overlay 工具对中山市三个不同时期的生态系统服务价值进行转移矩阵计算，见表 5.10、表 5.11。

表 5.10　2000—2005 年中山市生态系统服务价值面积转移矩阵

	低/hm^2	较低/hm^2	中/hm^2	较高/hm^2	高/hm^2	2005 年总计/hm^2
低/hm^2	37019.50	4442.66	1981.26	6409.76	109.40	49962.58
较低/hm^2	173.39	40448.50	385.85	1075.30	29.21	42112.25
中/hm^2	172.50	910.59	33287.90	2179.58	48.35	36598.92
较高/hm^2	239.28	1734.27	5253.62	35592.70	52.16	42872.03
高/hm^2	0.03	2.44	2.32	9.09	616.11	629.98
2000 年总计/hm^2	37604.70	47538.46	40910.94	45266.43	855.24	172175.77

表 5.11　2005—2010 年中山市生态系统服务价值面积转移矩阵

	低/hm^2	较低/hm^2	中/hm^2	较高/hm^2	高/hm^2	2010 年总计/hm^2
低/hm^2	49737.60	985.68	3518.57	2205.87	0.56	56448.29
较低/hm^2	147.21	31194.80	24572.80	394.03	6.48	56315.32
中/hm^2	35.68	9718.95	6316.73	3941.84	1.07	20014.27
较高/hm^2	44.29	206.37	2181.50	36330.80	0.89	38763.86
高/hm^2	0.05	2.45	9.08	1.35	620.97	633.90
2005 年总计/hm^2	49964.82	42108.25	36598.68	42873.90	629.98	172175.64

2000—2005 年，中山市生态系统服务低值区以较高值区转入低值为主，面积约为 6410 hm^2，其次较低值区和中值区转入，面积分别为 4443 hm^2 和 1981 hm^2，而从低值范围转为更高值范围的很少。在空间上，除了五桂山镇之外，中山市其他乡镇和街道办的低值范围都有所增加。其中，中山市西北部（小榄镇、东凤镇、古镇镇），中部（石岐区、东区、沙溪镇和火炬高技术产业开发区），以及西南部的坦洲镇和三乡镇的低值区范围增加非常明显。在 2005—2010 年，中山市的生态系统服务价值仍然以低值区范围的增加为主，这 5 年低值区的范围增加了约 6708 hm^2，相比前一时期转入速度明显减慢，仍然以较高值区转入为主。对比中山市土地利用图分析可知，主要分布在建设用地区域，低值范围的增加很大程度上与各乡镇的建设用地的不断增加有关，建设用地的扩张不断侵蚀生态用地，使得生态系统遭受不同程度的破坏，从而降低了生态系统的服务价值。

2000—2005 年，中山市生态系统服务价值较低值区范围以转出为主，大部分转移为低值区，转移面积约为 7088 hm^2（图 5.6）。空间上主要分布在中山市东北部的三角镇、港口镇、民众镇和南部的坦洲镇。结合中山市土地利用图分析可知，生态系统服务价值较低值区主要对应的是耕地生态系统和河流生态系统。因此较低值区范围向低值区转移可能与城市化过程中建设用地占用耕地有关，从而使被侵占的地区生态系统服务价值降低。2005—2010年，生态系统服务价值较低值区范围既有转出部分，也有转入部分。转出面积约为10911 hm^2，而转入面积约达到25119 hm^2，转入面积远大于转出面积。转出范围主要分布在河流地区，与水域生态系统服务价值提高有关；而转入范围主要分布在针叶林地区，提供较高的林地生态系统向较低值区范围转移，可能与森林生态系统受到破坏有关，加强对森林生态系统的保护是防止生态系统服务价值下降的必然选择。

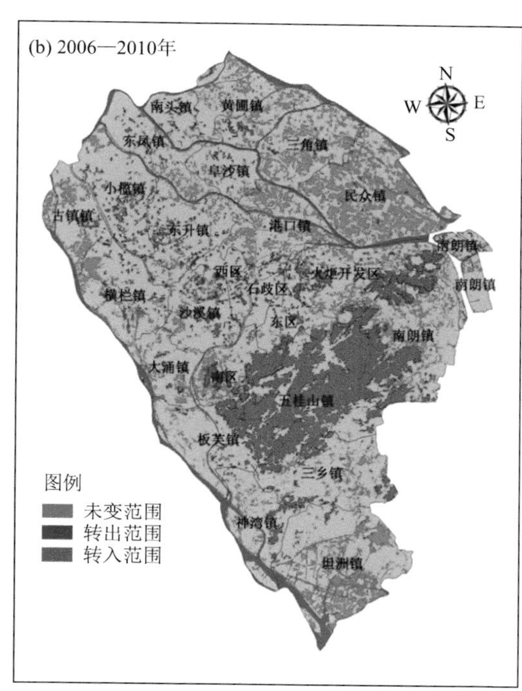

图5.6 2000—2010年生态系统服务较低值区变化范围

2000—2005年，中山市生态系统服务中值区范围变化不大，转出面积与转入面积相当，转出面积稍大于转入面积(图5.7)。转出面积主要向较高值范围转移，是原来位于生态系统中值区地区生态系统服务价值提高的表现；而转入面积也同样来源于较低值区的转移，同样说明该地区的生态系统服务价值有所提升。在空间上，生态系统服务价值中值区范围主要分布在中部的五桂山镇及其周边地区，这些地区主要分布着大片林地，是中山市"市肺"所在地。到了2005—2010年，生态系统服务价值区范围变化却比较剧烈，转入和转出均有很大的范围。转入地区主要是河流生态系统服务价值的提高，而转出却是森林生态系统服务价值降低使然。一个地区的生态系统服务价值的急剧变化明显对当地的生态安全造成一定的威胁，不利于维持生态系统服务功能的稳定性，以后逐步采取有效措施提高当地的生态系统服务价值才是进行生态保护的正确思路。

2000—2005年，中山市生态系统服务价值较高值区变化也较为剧烈，转出面积为9672 hm^2，转入面积为7278 hm^2，总体上以生态系统服务价值较高值范围减少为主(图5.8)。对比中山市土地利用图，生态系统较高值区范围主要对应的土地利用类型为基塘用地地区。因此，从转移类型来看，转出部分主要转移为低值区，可能与基塘用地被改造为建设用地有关；

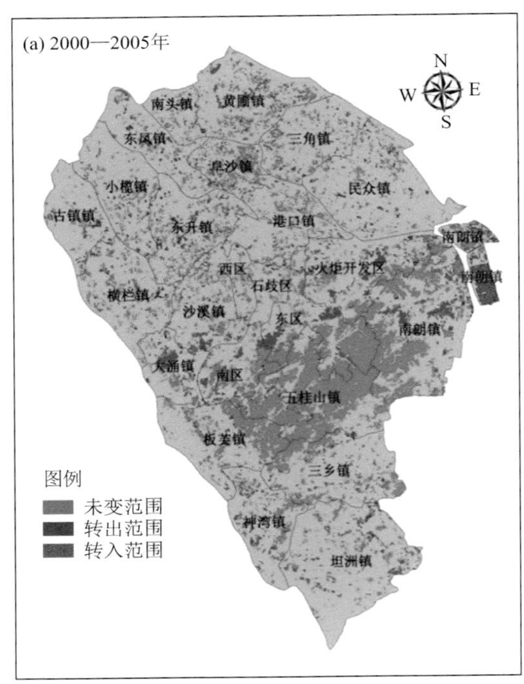

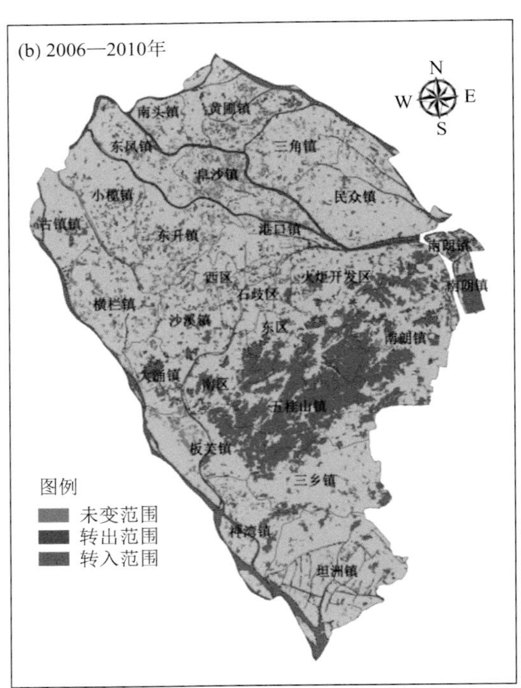

图 5.7 2000—2010 年生态系统服务中值区变化范围

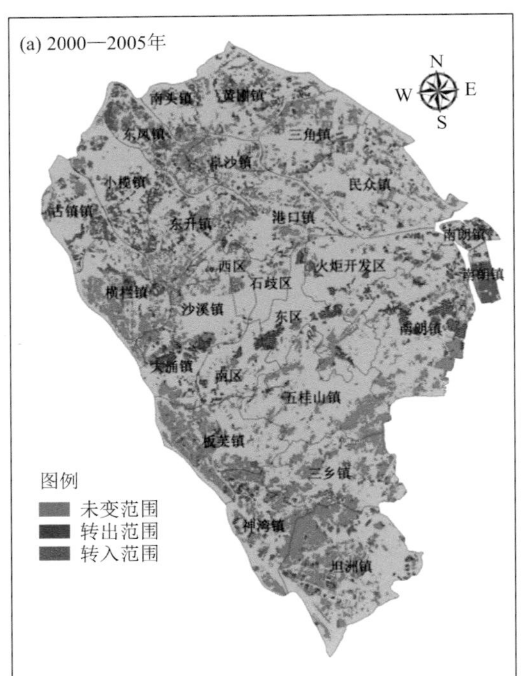

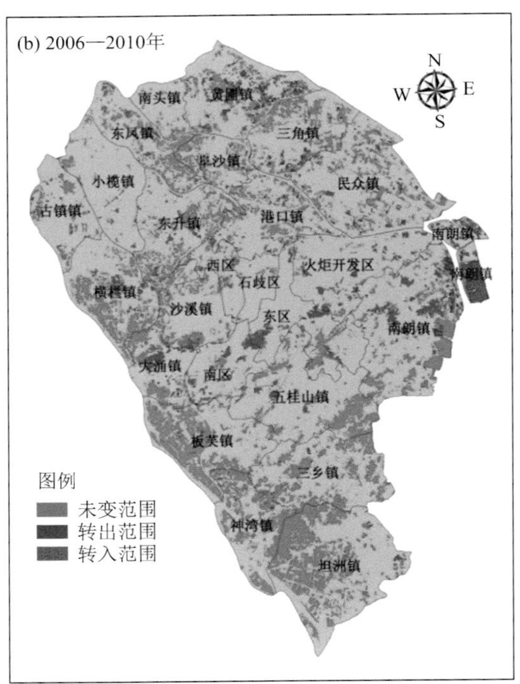

图 5.8 2000—2010 年生态系统服务较高值区变化范围

转入部分转移来源于位于较低值区的耕地和位于中值地区的经济园地有关，可能由于基塘养殖的渔业产值提高，驱使当地农民通过将耕地开挖成基塘进行养殖有关，从而使得当地生态系统服务价值有所增加。2005—2010 年，生态系统服务价值较高值范围主要以转出为主，转出范围主要为中山市中部的中心城区（东区、南区、火炬开发区）和南朗镇的部分地区。而转入面积主要集中在东部横门水道鱼塘养殖地区。

2000—2010 年，中山市生态系统服务价值高值区范围并没有太大变化，2000 年、2005 年和 2010 年生态系统高值区的面积分别为 855 hm^2、630 hm^2 和 634 hm^2，占全市总面积的比例较小（图 5.9）。生态系统服务高值区范围主要分布在中山市南部五桂山镇、板芙镇和三角镇等镇区。从分布的生态系统类型来看，生态系统服务高值区主要为一些生态环境保护良好的常绿阔叶林区和部分湿地生态系统区。生态系统服务高值区是中山市生态环境的敏感区域，对全市的生态服务起着重要的作用，在经济发展过程中应切实加强对这些区域的生态保护。

图 5.9　2000—2010 年生态系统服务高值区变化范围

（3）土地生态系统与生态服务价值相关分析

为进一步研究中山市生态系统服务价值的空间异质性，揭示生态服务价值时序变化与各生态系统类型变化之间的关系，引入变异系数和相关系数进行定量分析，以期揭示二者在空间上的耦合关系。

① 变异系数的引入

变异系数可用来比较两组数据离散程度差异，如果两组数据量纲不同，不能直接使用标准差来对这两组数据进行比较，在比较时应先消除量纲的影响，此时就可以引入变异系数来比较。一般地，变异系数越大，比较的两组数据离散程度就越高；变异系数越小，则两组数据的分布就越均衡(曾杰 等,2014)。因此,利用变异系数可以衡量研究区不同年份生态系统服务价值的空间离散程度,以及不同地区生态系统服务价值的时间离散程度,其计算公式为:

$$C_V = \frac{1}{\overline{K}} \sqrt{\frac{1}{n} \sum_{i=1}^{n} (K_i - \overline{K})^2} \times 100\% \tag{5.23}$$

式中,C_V 为变异系数;n 为样本数;K_i 为样本分值;$\overline{K}$ 为样本平均值。

② 相关系数的引入

相关系数是用以反映变量之间相关关系密切程度的统计指标。对两组数据进行相关分析,可以定量描述两个变量之间的线性相关程度,明确两个变量之间的相关方向。以中山市生态系统服务价值、不同生态系统类型在时空尺度上的变异系数为变量,采用 Pearson 简单相关系数定量描述生态系统服务价值与生态系统变化之间的相关关系,其计算公式为:

$$R_{xy} = \frac{\sum_{i=1}^{n} (x_i - \overline{x})(y_i - \overline{y})}{\sqrt{\sum_{i=1}^{n} (x_i - \overline{x})^2} \sqrt{\sum_{i=1}^{n} (y_i - \overline{y})^2}} \tag{5.24}$$

式中,R_{xy} 为相关系数;n 为样本数;x_i、y_i 分别是 x、y 的第 i 个值;$\overline{x}$、$\overline{y}$ 分别是变量 x、y 的平均值。

以研究区各评价单元生态系统服务价值的时序变化离散程度和各生态系统面积的时序变异系数为变量(图 5.10),采用 Pearson 简单相关系数,定量衡量两者之间的相关性与相关方向。

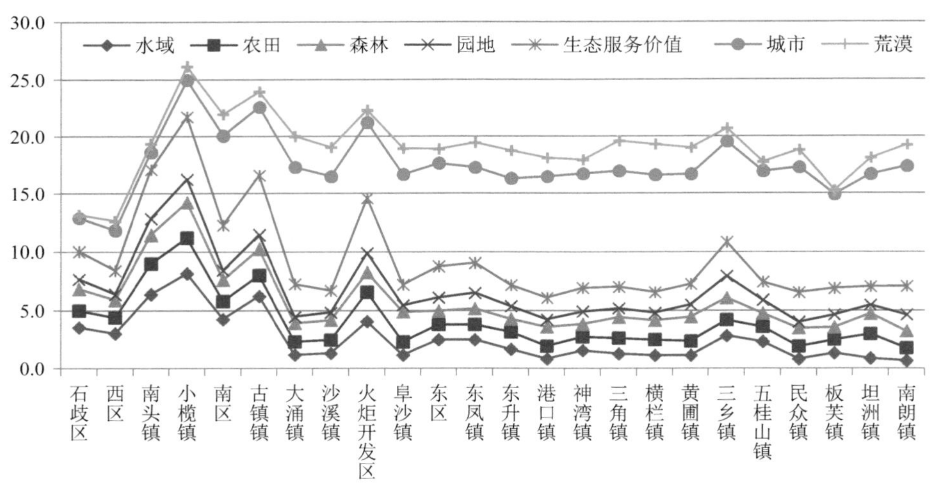

图 5.10 中山市各镇区生态系统服务价值与生态系统变化的离散程度

由变异系数可以看出,中山市各地区的生态系统服务价值存在明显的分异特征。总体而言,不同地区之间的生态系统服务价值有升有降,在一定程度上造成了中山市生态系统服务价值的空间分异。从分异系数的大小来看,生态系统服务价值分异较大的镇区主要集中在中部中心城区和西北部的工业重镇。其中,石岐区、南头镇、小榄镇、古镇镇、火炬开发区等地区生态系统服务价值的时序变异系数达到 10%以上。结合地区的生态系统类型分布分析,可以看出生态系统服务价值的空间分异与生态系统的空间分布关系密切。总体上，中心城区和西北工业重镇地区城市用地面积占比较大，基本占到相应区域土地面积的一半以上，城市生态系统提供的服务功能有限造就了区域相对较低的生态服务价值；而东部和南部镇区水域广布，耕地资源丰富，森林覆盖水平较高，如五桂山镇林地面积占全镇面积的70%以上，与中心城区和西北部镇区相比，优良的生态资源分布不均客观上对区域生态系统服务价值产生影响。

通过计算各年度生态系统服务价值和不同生态系统面积在各镇区之间的离散程度的相关系数，结果显示：生态系统服务价值的空间变异与农田、森林、园地、水域、城市、荒地用地在空间分布的相关系数分别为0.7967、0.6028、0.5864、0.8808、－0.8201、－0.4352，说明中山市生态系统服务价值的区域差异与不同生态系统类型的空间分布不均有着密切联系。由相关分析结果可知：中山市生态系统服务价值的变化与农田、森林、园地和水域面积呈正相关，此类生态系统为地区的生态系统服务提供保障；而城市系统面积的增加是造成城市总体价值下降的主要原因。值得注意的是，城市和荒地系统的区域分布越均衡，则生态系统服务价值的空间分异越显著；农田、森林、园地和水域系统空间分布越均衡，则中山市生态价值的区域分异越小。

5.2.6 主要结论

(1)2000—2010年，中山市生态系统动态变化剧烈，主要表现为人工生态系统替代自然或半自然生态系统为主。其中城市生态系统增加了19119.84 hm^2，农田生态系统减少了12088.14 hm^2，森林生态系统减少了2362.42 hm^2，园地生态系统和水域生态系统基本保持稳定。

(2)2000—2010年，中山市生态系统服务价值呈现减小趋势，由2000年的3.69×10^{10}元减小到2010年的3.34×10^{10}元，年均减小率为0.97%，其中2000—2005年和2005—2010年的年均减小率分别为1.60%和0.37%，前期减小率大于后期；从各单项生态系统服务价值来看，呈逐年增加趋势的有淡水资源供给价值和水文调节价值，先减少后增加的有土壤保持价值，先增加后减少的有美学景观价值，呈逐年减少趋势的有物质生产、气体调节、空气净化、水源涵养、营养循环和生物多样性保护价值；2000—2010年，中山市各生态系统服务总价值的变化情况为：农田、森林生态系统提供的价值呈逐年减少趋势，园地、城市和荒地生态系统价值2000—2005年增加、2005—2010年减少，水域生态系统价值2000—2005年减少、2005—2010年增加。

(3)2000—2010年中山市生态系统服务价值的空间分布大致以“大涌镇—沙溪镇—石岐区—火炬开发区—南朗镇北部”分为南北两部分，生态系统提供的价值总体上南部大于北部；从各镇区来看，生态系统服务价值较高的为南朗镇、坦洲镇、板芙镇、民众镇、五桂山镇等镇区，生态系统服务价值较低的为石岐区、西区、南头镇、小榄镇、南区等镇区；从生态系统服务价值等级来看，各生态服务价值之间存在着一定比例的相互转移，总体表现为生态系统服务价值较高值区向较低值区转移。利用变异系数和相关系数分析表明：中山市生态系统服务价值的区域差异与不同生态系统类型的空间分布均有着密切联系，城市和荒地系统的区域分布越均衡，则生态系统服务价值的空间分异越显著；农田、森林、园地和水域系统空间分布越均衡，则中山市生态价值的区域分异越小。

5.3 中山市生态风险评价

5.3.1 数据来源及处理

本节研究所用的基础数据源是覆盖中山市三期的 LandsatTM 遥感影像，遥感卫星轨道号为 122/44、122/45，均来源于美国地质勘探局 USGS，其影像质量较好，研究区内无云，结合广东省地图册 2006 年版、全国 1∶25 万矢量边界图，广东中山市行政区划图 2010 年版，以此为基础衍生数据。影像空间分辨率 30 m×30 m，经辐射纠正、几何纠正和人工解译后得到 1∶10 万土地利用现状图。根据研究区土地资源特征和景观类型差异，把土地利用类型划分建设用地、林地、基塘用地、草地、其他水域、耕地以及未利用地 7 个地类。研究选取 200 个随机点对 3 期解译结果进行检验，借助 ENVI5.0 菜单下的 ConfusionMatrix 工具，在 Using Ground Truth ROIs 工作栏下将分类结果以感兴趣区 ROI 输入，得到混淆矩阵下的总分类精度和 Kappa 指数等精度指标。结果得到 1990 年、2000 年、2013 年三期分类结果的总分类精度分别为 78.2685%、85.6317%和 82.5465%，Kappa 指数分别为 0.75、0.81 和 0.78，结果符合分类精度要求。

5.3.2 研究方法

(1)构建土地利用生态风险指数

① 风险小区划分

利用等间距系统采样法，采用 Fishnet 格网将研究区划分为若干个的评估单元，对生态风险评估指数进行系统空间重采样(谢花林，2008)，得到样地数 1890 个。再利用生态风险指数公式，计算出每个样地的综合生态风险指数值，并借助 Excel 软件进行汇总，以此值作为研究区样地方格中心点的生态风险水平(杜军 等，2010)。

② 生态风险指数计算

为表征土地生态系统变化与区域生态风险间的关联，本研究拟采取各土地生态系统所占的面积比重来构建其土地利用变化的生态风险指数(Ecological Risk Index，ERI)，用来描述研究区内每一个评估单元的综合生态风险的相对大小。利用这种指数采样法，可把研究区的生态风险变量空间化，并以研究区的土地利用面积结构来转化得出，土地利用的生态风险指数的计算公式如下：

$$I_{\mathrm{ERI}} = \sum_{i=1}^{n} \frac{S_i W_i}{S} \tag{5.25}$$

式中，I_{ERI} 为研究区土地利用生态风险指数；i 为评估单元内土地利用类型；S_i 为评估单元内第 i 种土地利用类型的面积；n 为评估单元内土地利用类型的数量；S 为评估单元内土地利用类型的总面积；W_i 为第 i 种土地利用类型所反映的生态风险强度参数。

由于中山市属于珠三角的一部分，参考叶长盛等(2013)的研究成果，存在基塘用地一级地类。同时参照前人的研究成果(叶长盛 等，2013；赵岩洁 等，2013)，采用层次分析法和专家打分法来确定研究区土地利用的生态风险强度参数 W_i（表 5.12）。生态风险强度参数设定基本原则是：土地利用类型的脆弱度越大，则抵抗力越小，生态风险强度也越大。由于水体相对耕地、草地来说，对外界干扰的敏感性更显著，脆弱度较大和抵抗能力稍差，因此水体的生态风险强度值略高于耕地和草地；基塘的主体以水塘水体为主，及包围水塘的小地块，总体上，基塘用地生态风险强度值低于水体，高于耕地、草地。因此，其生态风险强度参数值可信，可作用于研究。

表 5.12　土地类型的生态风险强度参数

	建设用地	林地	基塘用地	草地	其他水域	耕地	未利用地
生态风险强度参数 W_i	0.85	0.12	0.42	0.16	0.53	0.32	0.82

(2)生态风险指数的空间分析方法

① 空间自相关分析法

研究变量值在整个研究区域的空间差异通过全局空间自相关来描述（孙英君 等，2004）。一般情况下，Moran's I 系数可以用来表征研究区内土地利用总体结构的空间自相关程度及显著性（谢花林，2008）。计算式如下：

$$I(d)=n\frac{\sum_{i=1}^{n}\sum_{j=1}^{n}(X_i-\overline{x})(X_j-\overline{x})}{\sum_{i=1}^{n}(X_i-\overline{x})\sum_{i=1}^{n}\sum_{j=1}^{n}W_{ij}} \tag{5.26}$$

式中，X_i 和 X_j 分别是研究单元 i、研究单元 j 在相邻配对空间点的观测值；W_{ij} 是指变量在邻接或距离空间权重矩阵，如果空间点 i 与 j 相邻，那么 $W_{ij}=1$，否则 $W_{ij}=0$；x 为属性值的平均值；n 为空间单元的总数。Moran's I 系数的取值在[−1,1]之间，反映了由空间相邻相似的正相关向空间相邻相异的负相关的过渡。其取值大于零，表明相似的观测值趋于空间聚集，呈正相关，反之呈负相关，若等于零，则事物间不存在任何相关依赖关系，呈独立随机分布。利用局部 Moran's I 统计量（LISA）和 Moran 散点图可以检验各个区域空间单元内的局部空间差异程度。其公式为：

$$I_i=(X_i\overline{x})[(n-1)\overline{x}^2]/\sum_{j=1}^{n}x_{ij}^2\sum_{j=1}^{n}W_{ij}(X_j-\overline{x}) \tag{5.27}$$

当 $I_i \geqslant E(I_i)$ 时，说明在第 i 个地理单元内的变量值与相邻单元的观测值类似，在空间上形成一种集聚状态，即表明了该变量在空间呈现正相关；相反，当 $I_i < E(I_i)$ 时，说明第 i 个地理单元相邻的变量值差异明显，形成一种空间离散现象，即空间负相关。

② 半方差函数法

许多研究表明半方差函数是用来挖掘地理现象空间分布规律的极为重要工具之一（吴剑等，2014）。利用半方差函数方法对研究区的生态风险指数进行空间分析，可研究其空间分异特征。其公式计算如下：

$$r(h)=\frac{1}{2N(h)}\sum_{i=1}^{N(h)}[Z(x_i-Z(x_i+h))]^2 \tag{5.28}$$

式中，$r(h)$ 为变异函数；h 为样点空间的距离，即步长；$N(h)$ 为间隔距离 h 的样本对数；$Z(x_i)$ 和 $Z(x_i+h)$ 分别为系统内某个变量 $Z(x)$ 在空间位置 x_i 和 x_i+h 的观测值。

5.3.3 土地利用变化分析

一个地区不同时期的土地利用变化特征可以用土地利用总量变化及相对变化率来表征（王秀兰，2000）。通过分析研究区在研究时期的土地类型总体数量变化和相对数量变化，可明晰研究区的土地利用类型结构变化和土地利用总的变化态势（朱会义 等，2001）。中山市各土地利用占比及变化情况如表 5.13 所示，结合表 5.13 和面积统计数据可知：

从土地利用结构来看，1990 年中山市的用地类型以耕地为主，占总面积的 41.65%，居绝对优势。基塘用地和林地比重次之，也分别达到 18.84%、16.98%。2000 年，建设用地、基塘用地的比例分别达到 17.09%、27.58%，耕地比例占 22.76%，而林地比例稍下降，总体上，该时期的用地类型结构趋于均匀化。2013 年，建设用地占总面积最大，比例达到 26.17%，耕地有小幅度的上升，占总面积的 24.59%，与基塘用地占有量相近。

表 5.13 中山市土地利用类型比例及变化率

	占比/%			变化率/%		
	1990 年	2000 年	2013 年	1990—2000 年	2000—2013 年	1990—2013 年
建设用地	2.50	17.09	26.17	583.00	53.14	945.97
林地	16.95	16.42	15.40	−3.28	−6.21	−9.28
基塘用地	18.84	27.58	24.26	46.43	−12.03	28.82
草地	5.88	5.24	3.40	−10.88	−35.13	−42.19
其他水域	8.22	6.20	5.51	−24.61	−11.17	−33.03
耕地	41.65	22.76	24.59	−45.35	8.03	−40.96
未利用地	5.93	4.71	0.67	−20.64	−85.85	−88.77

从土地利用变化的幅度及变化率来看，在 1990—2000 年，中山市的建设用地上升最为显著，面积增加了 257.77 km^2，变化率达到 583.00%，基塘用地面积也有所上升，达 46.43%，而其他地类占有量都有所下降，耕地的减少速度最快，面积减少了 333.06 km^2，其次为其他水域，变化率为 24.61%。在 2000—2013 年，建设用地面积增加速度相对有所减慢，但依然处于上升的趋势。而未利用地面积减少速度最快，下降率达 85.85%，其次，草地也下降 35.13%。

总体上看，在这 23 年间，建设用地幅度变化最大，达到 945.97%，面积一共增加了 417.36 km^2。同时，基塘用地面积也增加了 28.82%，其他地类的变化率都有不同程度的下降。其中，未利用地面积缩减变化率最大，达到 88.77%，林地面积变化不大。

5.3.4 生态风险指数的空间相关性分析

（1）全局空间自相关

利用 ArcGIS 10.2 下的 Spatial Autocorrelation（Moran's *I*）模块，并进行标准化处理，得出 1990 年、2000 年和 2013 年中山市三期的生态风险指数的全局 Moran's *I* 值。三个时期的全局 Moran's *I* 分别为 0.724595、0.728862、0.736965，呈现上升态势，并且 *P* 值显著性水平都小于 0.05。全局 Moran's *I* 估计值均大于 0，表明了中山市的土地利用生态风险指数在空间分布上存在着高度的正相关性，即是研究区相邻地物之间存在相互依赖，相互影响，存在一定的空间相关性，呈现显著的空间集聚模式。1990—2013 年，在空间上中山市的生态风险指数相似样地集聚程度总体表现出逐时段增加趋势。

(2)局部空间自相关

由于全局 Moran's I 仅能用来描述某种现象的整体分布状况,判断这种现象空间上是否存在聚集特性,但并不能确切地指出聚集在哪些地区,而局部空间自相关则表达局部空间高值或低值集聚,并且其系数是可选择度量指标。

利用 ArcGIS 10.2 下的 Anselin Local Moran's I 模块,可以得出三期中山市的生态风险指数的局部空间自相关 LISA 系数值。从图 5.11 可以看出,1990—2013 年,高—高聚集(HH)和低—低聚集(LL)的地区分布比较集中,而高—低集聚(HL)与低—高集聚(LH)则比较少,呈零散分布。

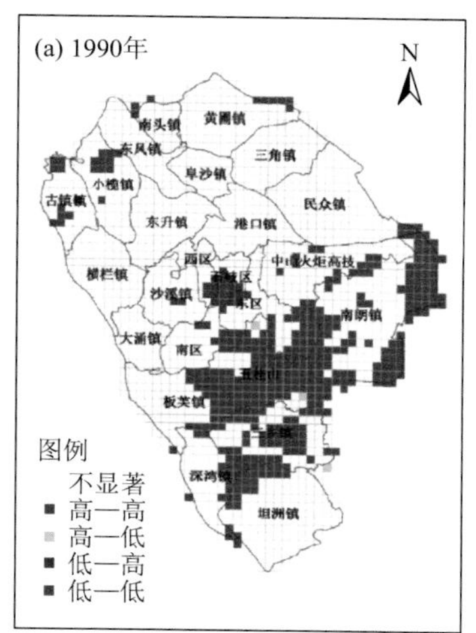

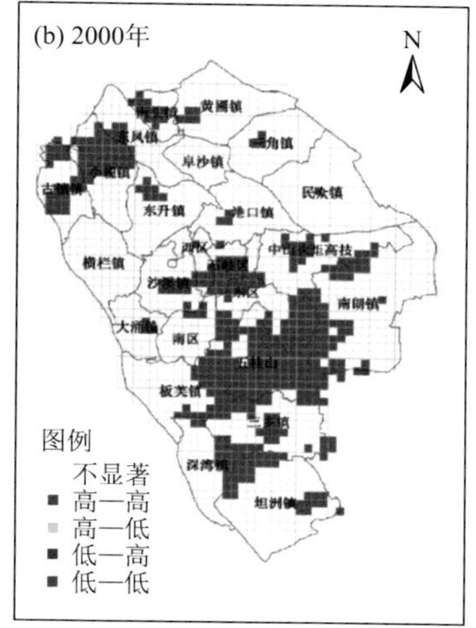

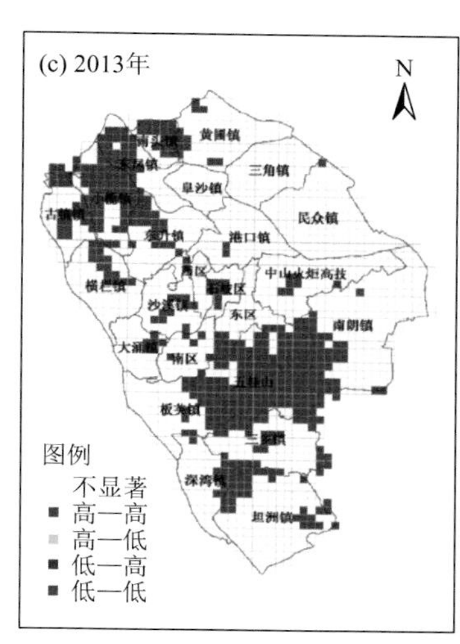

图 5.11 中山市生态风险指数的局部空间自相关

1990—2013 年,中山市生态风险指数变化较为明显的高值区(HH)逐渐增多,主要聚集在靠近江门市区和佛山顺德区的西北部地区、中山城区周边地区,以及靠近珠海市区的南部地区,表明城市化进展加快,经济迅猛发展,建设用地大量增加,导致生态风险指数显著提高。而生态风险度的低值区(LL)基本都聚集在五桂山及边缘地区、沙湾镇与坦洲镇交界的山地,是因为中山市政府一直重视五桂山等山地的生态环境保护,提高山地的森林覆盖率,保护其郁闭度,因此该区域的生态风险程度相对较低。

5.3.5 生态风险指数的空间分析特征

利用 ArcGIS 10.2 中的地统计分析模块对 1990 年、2000 年、2013 年三期的采样数据变异函数统计分析,并依据残差和拟合度的大小来决定选取最佳数学模型,发现球状模型的拟合最为理想,从而计算出中山市三个时期的半变异函数及参数,包括基台值、块金值和变程等,见表 5.14。

表 5.14 土地利用生态风险指数的理论空间变异函数

年份	理论模型	基台值	变程/m	块金值	块金基台比/%
1990 年	球状	0.010518	11786	0.003507	33.34
2000 年	球状	0.015275	13531	0.006921	45.31
2013 年	球状	0.016213	23095	0.010655	65.72

块金值表示随机部分的空间异质性(喻锋 等,2006)。1990 年、2000 年、2013 年的块金值都较小,分别为 0.003507、0.006921、0.010655,这表明生态风险指数随机分布的可能性很小。基台值可用来衡量生态风险指数值波动的幅度。1990 年基台值只有 0.010518,说明这期间各评估单元内的生态风险强度在空间分布上比较均匀,该时期的生态系统的稳定性较好。研究区生态风险指数的空间相关距离主要通过变程来说明(谢花林,2008;吴剑 等,2014),1990 年的变程为 11786 m,2013 年明显增加到 23095 m。块金基台比可以反映块金方差,占总空间异质性变异的大小。1990 年、2000 年和 2013 年的块金基台比分别为 33.34%、45.31%、65.72%,表明了研究区的生态风险强度在空间上呈现中等相关性,中山市土地生态系统的结构性因素,如母质岩性、地貌特征、土壤属性等,仍是影响中山市生态风险指数的空间分异主导因素。但人为干扰等随机因素也影响着中山市的生态环境质量,且呈现不断加强趋势。

计算研究区三期的生态风险指数值,统计结果发现,从生态风险值的峰值和均值上看,2013 年中山市的生态风险较 1990 年、2000 年有所增加,见表 5.15。自改革开放以来,中山市城市化快速发展、人口剧增,建设用地急剧增加,围海造田建地,农业用地持续减少等人为因素,导致区域生态风险程度持续增加。

表 5.15　中山市生态风险指数

生态风险指数	1990 年	2000 年	2013 年
均值	0.3622	0.4358	0.4638
最高值	0.8448	0.8453	0.8500
最低值	0.1200	0.1200	0.1200

5.3.6　生态风险与城市化的关系

随着城市化的快速发展,建设用地不断增加,城市土地景观结构及其格局发生明显变化(曾辉 等,2000)。一个城市的城市化水平在一定程度上可以通过单位面积内建设用地的面积比重来表征。因此,建设用地密度可以间接用来反映地区城市化水平,根据建设用地计算研究区内城市建设用地占总土地利用面积的比例(李书娟 等,2004),计算简单明了,数据获取高效。

为更好地探讨生态风险与城市化之间的关系,本节借鉴前人研究理论和实践经验(胡和兵 等,2011)。首先利用 1 km×1 km 的格网对 1990 年、2000 年和 2013 年三期土地利用分布图进行覆盖全区的系统采样,得到 1890 个样地单元,并计算出每个格网里的建设用地密度,并借助 Excel 软件进行汇总,以此值作为研究区样地中心点的城市化水平。由图 5.12 可知,1990—2013 年,中山市 3 个时期的生态风险值变化与城市化水平之间的线性拟合方程决定系数(R^2)分别为 0.2092、0.6111、0.6905,由于 1990 年建设用地所占的比重比较小,城市化水平不高,因此其决定系数 R^2 较低,但由于城市化发展加快,2000 年、2013 年的建设用地大幅度增加,因此 2000 年、2013 年的线性方程拟合效果较佳。

借助 Excel 软件,计算出 1990—2013 年中山市的生态风险与城市化水平的相关系数(表 5.16),分别为 0.46、0.78、0.85,因此中山市的生态风险与城市化水平的相关性持续上升。随着城市化水平提升,中山市生态风险增加的态势越明显,城市化对生态风险呈现出正效应。

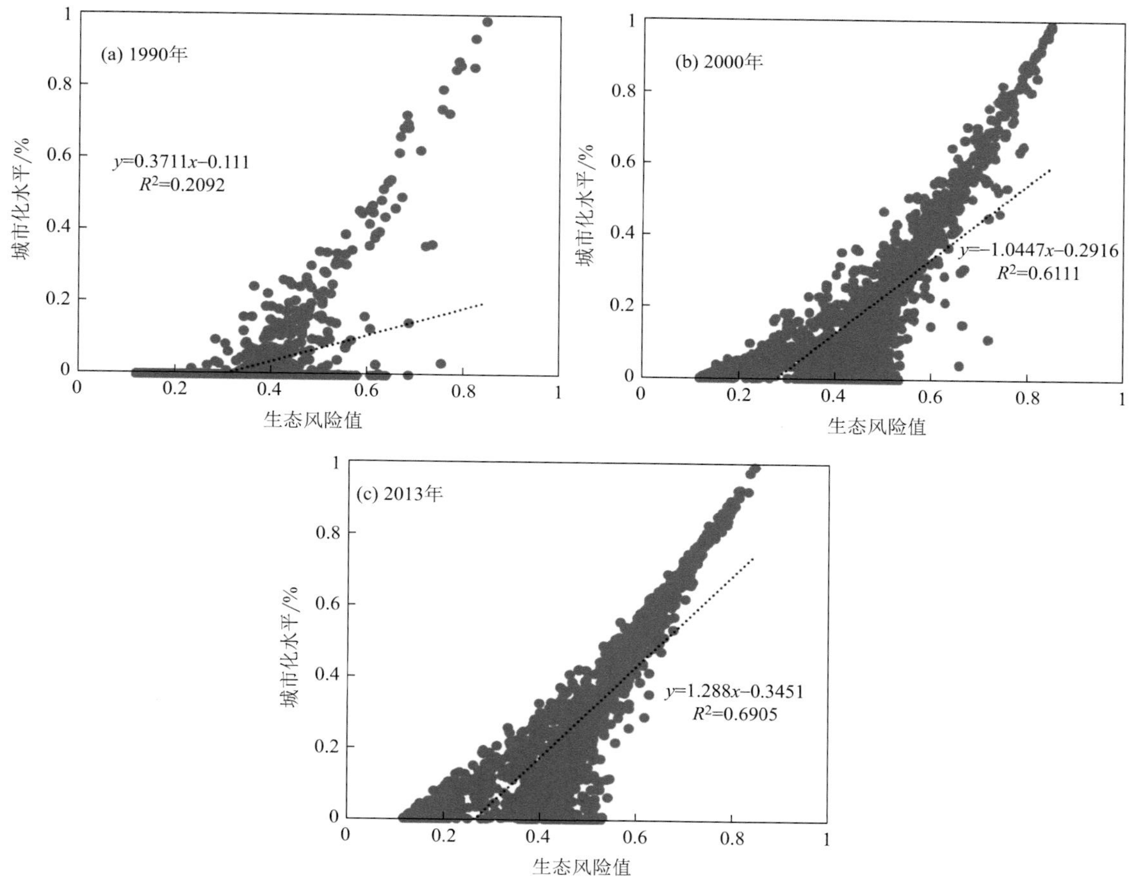

图 5.12 中山市生态风险与城市化的关系

表 5.16 中山市 1990 年、2000 年、2013 年生态风险与城市化的线性拟合关系

年份	拟合模型	拟合函数	决定系数 R^2	相关系数
1990 年	线性拟合	$y=0.3711x-0.111$	0.2092	0.46
2000 年	线性拟合	$y=1.0447x-0.292$	0.6111	0.78
2013 年	线性拟合	$y=1.2881x-0.345$	0.6905	0.85

5.3.7 主要结论

本研究利用覆盖中山市 1990 年、2000 年和 2013 年的基础遥感影像数据源，以中山市土地利用变化为研究对象，分析中山市的土地利用变化过程，确定以土地利用变化作为引起中山市生态风险变化的风险源，构建土地利用生态风险指数，借助空间自相关和半方差分析方法，并利用 ArcGIS 中的地统计模块，在总结已有的文献的基础上，针对中山市的土地利用变化及生态风险评价得出了以下结论。

(1)中山市土地利用时空变化特征从土地利用类型的结构、数量和变化率来看，1990 年，中山市的用地类型以耕地为主，居绝对优势，结构比较单一。2000 年，建设用地、基塘用地均有大幅度增加，各土地利用类型逐渐趋于均匀化。2013 年，建设用地持续增加，比例达到

26.17%。在空间分布上，建设用地的增加部分主要由耕地和基塘用地转入，集中在与江门市区和佛山顺德区接壤的西北部地区、中山中心城区周围地带，以及邻近珠海市区的南部地区。地势比较平坦地区的耕地变为养殖水面，基塘用地有所增加，西北部基塘用地的几何中心也逐渐朝中西部、南部及东部移动，并在南朗镇沿海处出现大面积的鱼塘。从土地利用变化的速度和空间相互转移过程来看，1990—2013 年，中山市建设用地的面积数量上增加了 417.36 km^2，在所有土地利用类型中增加速度最快，主要由耕地和基塘用地转入。同时，基塘用地面积也增加了 28.82%，转入源主要是耕地，其他地类的变化率都有不同程度的下降。其中，未利用地面积缩减变化率最大，达到 88.77%，主要转化为建设用地、基塘用地及耕地。耕地和草地也分别下降达 40.96%和 42.19%，林地面积变化不大。

(2)中山市生态安全风险评价 1990—2013 年，中山市的土地利用生态风险指数在空间分布上存在着高度的正相关性，呈现显著的空间集聚模式，并随着时间推移表现出增加趋势。生态风险指数由 1990 年的 0.3622 上升至 2013 年的 0.4638，风险程度增加了 28.05%，主要受地形和地类的影响较大。随着城市化水平提升，中山市生态风险增加的态势越明显，城市化对生态风险表现正效应。2013 年，中山市的生态风险指数为 0.4638，处于较安全等级，但是大部分乡镇的生态安全濒临临界安全。

目前，中山市的城市化快速发展，人口聚居，工业用地的需求量急速增加，大量的耕地和基塘用地转为建设用地，耕地已经不能满足发展的需求，由此滩涂、海洋等水域被改造利用，围海造陆，造成部分河道被填埋堵塞，生态服务功能受到干扰。因此，中山市应对不同的生态风险区进行针对性管理，进一步加强环境综合整治、优化景观生态格局，改善中山市生态环境并维持区域生态安全。

5.4 基于未来情景的中山市生境质量模拟

5.4.1 数据来源

中山市 1995 年、2000 年、2010 年、2018 年四期土地利用数据、行政边界均来源于中国科学院资源环境科学与数据中心(http://www.resdc.cn)，其中土地利用类型划分为 6 类，空间分辨率为 30 m×30 m；中山市自然保护区区划图数据来源于中山市自然资源局(城市更新局)政务网(http://www.zs.gov.cn/zrzyj)；高程数据来源于地理空间数据云平台(http://www.gscloud.cn)，空间分辨率为 30 m×30 m；道路交通数据来自 OpenStreetMap 网站(https://www.open-streetmap.org)的主要道路、二级道路、三级道路及铁路数据；统计数据来自中山市统计年鉴。

5.4.2 GeoSOS-FLUS 模型

土地利用与土地覆盖变化(Land Use and Land Cover Change，LUCC)是全球变化的重要组成部分，自土地利用与土地覆盖变化研究计划启动以来，区域土地利用与土地覆盖变化已成为全球研究热点之一(后立胜 等，2004)。有研究表明，LUCC 对气候变化、陆地生态系统的地球物理和化学循环过程等有重要影响(Foley et al.,2005)。例如,在过去 150 年中,LUCC 所造成的向大气层排放的二氧化碳占人类排放总量的 35%,与工业发展中使用化石燃料的结果相当(Pielke,2005)。因此,对 LUCC 的机制进行研究、预测土地利用的演变趋势,有利于土地资源的合理开发利用,促进土地利用的可持续发展。然而,LUCC 是由自然和人文因素驱动的动态过程,其过程和机制非常复杂(唐华俊 等,2009)。抽象模型作为一种对客观世界的概括手段,更易于确定和处理实际问题,能对复杂的土地利用变化系统进行简化和预测模拟,在土地利用与土地覆盖变化领域得到广泛的应用(戴尔阜 等,2018)。

目前,许多学者及专家提出了有价值的土地利用变化模拟模型,并对区域土地利用进行了模拟研究,大多数应用的是 Logistic 回归模型、Markov 链、元胞自动机(CA)、土地利用变化及效应模型(CLUE)等。其中,CA 具有"自下而上"的模拟能力和强大的离散计算功能,基于元胞自动机的城市模拟研究已经取得了重要的进展。而在传统的元胞自动机基础上,GeoSOS-FLUS 模型把元胞自动机、多智能体系统和人工智能等统一在地理模拟系统的框架中,提高和扩展了地理模拟系统的能力。它通过引入自适应惯性竞争机制,可以应对自然和人类活动影响下的多种土地利用类型转换的复杂性和不确定性,使得 GeoSOS-FLUS 模型具有较高的模拟精度,能够获得与实际土地利用分布相似的结果。目前,GeoSOS-FLUS 模型已应用于城市发展模拟和城市增长边界划定、城市高分辨率土地利用变化模拟、大尺度土地利用变化模拟及其效应分析等方面(陈逸敏 等,2010;曹帅 等,2019;李曦彤 等,2019)。

本研究利用未来土地利用变化情景模拟模型(GeoSOS-FLUS 模型)模拟中山市 2026 年土地利用变化。主要的计算模块如下。

(1)基于神经网络的适宜性概率计算模块

神经网络算法(ANN)包括预测与训练阶段,由输入层、隐含层、输出层组成,具体计算公式如下:

$$s_p(p,k,t)=\sum_j \omega_{j,k}\times \text{sigmoid}(n_{\text{net}j}(p,t))=\sum_j \omega_{j,k}\times \frac{1}{1+e^{n_{\text{net}j}(p,t)}} \tag{5.29}$$

式中,$s_p(p,k,t)$为 k 类型用地在时间 t、栅格 p 下的适宜性概率;$\omega_{j,k}$ 是输出层与隐藏层之间的权重;sigmoid()是隐藏层到输出层的激励函数;$n_{net_j}(p,t)$表示第 j 个隐藏层栅格 p 在时间 t 上所接到的信号。神经网络算法输出的各个用地类型适宜性概率总和一直为 1 即:

$$\sum_k s_p(p,k,t)=1 \tag{5.30}$$

(2)基于自适应惯性机制的元胞自动机

土地利用变化数量目标会在一定程度上影响模拟结果,建议根据研究区的实际情况,采用 SD 模型、马尔科夫链、灰色预测模型等科学的估计方法,确定合理的数量目标。在迭代过程中,将自适应调整当前土地数量与土地需求的差距,从而确定不同类型用地的惯性系数。第 k 种地类在 t 时刻的自适应惯性系数 $I^t_{\text{Intertia}k}$ 为:

$$I^t_{\text{Intertia}k}\begin{cases} I^{t-1}_{\text{Intertia}k} \\ I^{t-1}_{\text{Intertia}k}\times\dfrac{D^{t-2}_k}{D^{t-1}_k} \\ I^{t-1}_{\text{Intertia}k}\times\dfrac{D^{t-1}_k}{D^{t-2}_k} \end{cases} \tag{5.31}$$

式中，D_k^{t-1}、D_k^{t-2} 分别为第 k 种用地类型在 $t-1$、$t-2$ 时的需求数量与栅格数量之差。

在计算出不同栅格的概率后，采用 CA 模型迭代确定每个土地利用类型。栅格 p 在 t 时刻被转化为用地类型 k 的概率 $T^t_{\text{Prob}p,k}$ 可表示为：

$$T^t_{\text{Prob}p,k} = s_p(p,k,t) \times \Omega^t_{p,t} \times I^t_{\text{Intertia}k} \times (1 - S_{Cc} \rightarrow k) \tag{5.32}$$

式中，$S_{Cc} \rightarrow k$ 为 c 用地类型改变为 k 用地类型的成本；$1 - S_{Cc} \rightarrow k$ 为转换发生的困难程度；$\Omega^t_{p,t}$ 为邻域作用，其公式为：

$$\Omega^t_{p,t} = \frac{\sum N \times N_{\text{con}}(C_p^{t-1} = k)}{N \times N - 1} \times \omega_k \tag{5.33}$$

式中，$\sum N \times N_{\text{con}}(C_p^{t-1} = k)$ 表示在 $N \times N$ 的 Moore 邻域窗口，上一次迭代结束后第 k 种地类的栅格总数。

5.4.3 生境质量评估

采用 InVEST 模型的生境质量模块计算中山市多时相生境质量，计算公式如下（余玉洋 等，2020）：

$$Q_{xj} = H_j\left(1 - \frac{D_{xj^2}}{D_{xj^2 + K^2}}\right) \tag{5.34}$$

式中，Q_{xj} 为土地利用 j 中栅格 x 的生境质量，其值域范围为 0～1，值越高则表示生境质量越好，反之则越差；H_j 为土地利用 j 的生境适宜度；Z 为归一化指数，一般取模型的默认值，k 为半饱和常数（吴健生 等，2015；张梦迪 等，2020），k 的取值为退化度最大值的一半（陈妍 等，2016）；D_{xj} 为生境退化程度，生境退化程度通常与土地利用类型相关。本节共选取耕地、林地、草地、水域、建设用地以及未利用土地 6 项一级土地利用类型，作为生境威胁因子计算生境质量。相应地，生境退化程度计算公式如下：

$$D_{xj} = \sum_{r=1}^{R}\sum_{y=1}^{Y_r}\left(\frac{W_r}{\sum_{r=1}^{R} W_r}\right) r_y i_{rxy} \beta_x S_{jr} \tag{5.35}$$

式中，D_{xj} 为生境退化程度；R 为胁迫因子个数，即本节的土地利用类型数 6 种；W_r 为胁迫因子 r 的权重；Y_r 指 r 的威胁栅格图上的一组栅格；r_y 为胁迫因子强度；i_{rxy} 为胁迫因子对生境的胁迫水平；β_x 为法律保护程度；S_{jr} 为土地利用类型对威胁因子 r 的敏感性。其中模型中各项参数等参考前人对该区域或临近区域的研究设定（钟亮 等，2020）。

5.4.4 基于 GeoSOS-FLUS 的土地利用时空演变

基于 FLUS 模型，以 2010 年土地利用数据为基础，模拟 2018 年土地利用数据。通过多种因子对比发现，道路因子与城镇发展、规模较相似，故本节着重以道路因子作为参照。选取高程，坡度，坡向，到市中心的距离，到城镇中心的距离，到主要道路、二级、三级道路、铁路的距离，以及 GDP 分布 10 项驱动因子，同时以河流、水域为限制因子进行模拟。所得出模拟数据与真实 2018 年数据在 10%随机采样模式中的总体精度达到 0.91，Kappa 系数为 0.88，大于 0.80，模拟效果较好，可信度高（张学儒 等，2020）。同时 FOM 指数为 0.07，FOM 指数通常受模拟年数影响，模拟年数增加一年指数增加不大于 0.01 为标准，因此 FOM 指数处于标准水平（林沛锋 等，2019）。再以 2018 年为基础模拟得出 2026 年中山市土地利用数据（图 5.13）。

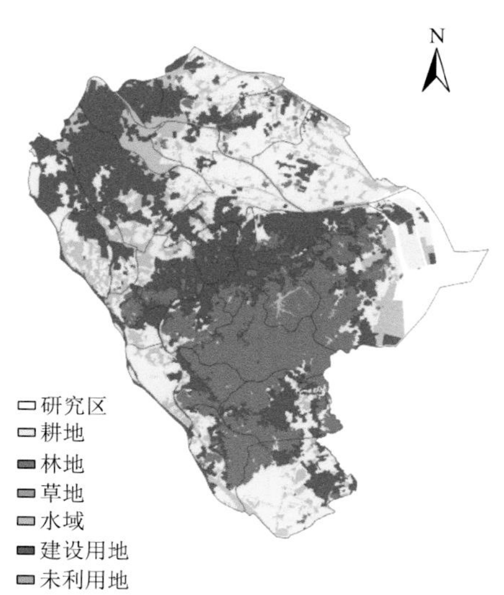

图 5.13　中山市 2026 年土地利用

根据上述得出的 2026 年中山市土地利用结果，对中山市 1995—2026 年的土地利用面积进行统计，可得出四期耕地、林地、草地、水域、建设用地以及未利用地的面积变化（表 5.17）。结果表明，中山市的建设用地逐年上升，其用地面积占比由 12.13% 快速增长至 33.81%，耕地、林地、草地、水域、未利用地的面积都在不同程度上减少。在 1995—2000 年，水域面积有较明显增加且分布在北部地区，属于珠三角基塘聚集区（图 5.14）。20 世纪 90 年代中后期"废田造塘"现象在珠三角盛行，经济利益驱使农民挖塘养殖致使基塘的面积出现增加；之后的年份因工业化和城市化的驱动，工厂建设与城市扩张侵占大量的基塘用地导致水域面积在增长过后减少（林媚珍 等，2014）。其中，林地的用地面积占比相对稳定，这与《广东省土地利用总体规划（2006—2020 年）》（简称《规划》）的要求相符，《规划》中提到中山市林地面积需稳步增长，并于 2020 年林地面积达 3.57 万 hm^2；且中山市国家森林公园、中山市香山省级自然保护区等自然保护区主要以林地为主，在一定程

表 5.17　中山市土地利用面积变化

土地利用类型	1995 年		2000 年		2010 年		2018 年		2026 年	
	面积/km^2	比例/%	面积/km^2	比例/%	面积/km^2	比例/%	面积/km^2	比例/%	面积/km^2	比例/%
耕地	659.56	38.37	667.96	38.76	544.87	31.30	551.40	31.65	502.89	28.86
林地	415.00	24.14	398.54	23.13	357.01	20.51	356.70	20.47	384.57	22.07
草地	11.08	0.64	4.54	0.26	3.37	0.19	0.28	0.02	0.27	0.02
水域	396.75	23.08	437.59	25.39	341.66	19.63	293.58	16.85	265.40	15.23
建设用地	208.54	12.13	214.44	12.44	493.80	28.37	540.32	31.01	589.13	33.81
未利用地	28.06	1.63	0.24	0.01	0.17	0.01	0.15	0.01	0.16	0.01

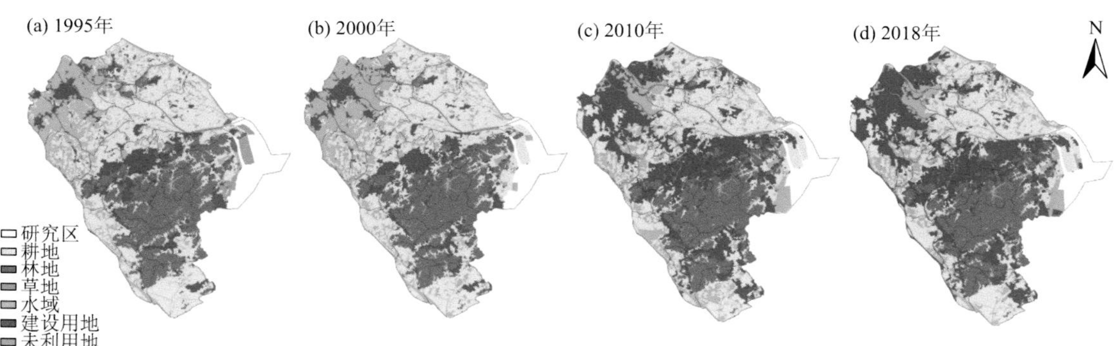

图 5.14　中山市 1995—2018 年土地利用

度上保障了林地面积，因此林地的面积受到政策保护而相对稳定。根据土地利用转移矩阵可得出土地利用转移关系(表 5.18)，该阶段中山市的土地主要向建设用地进行转移，其中建设用地在此阶段面积增长迅速，主要由耕地、草地、水域、林地转入，分别占各用地的 24.72%、25.06%、42.12%、14.81%；耕地面积有所下降，主要向建设用地及水域转出，但也有 14.38% 的水域及 67.76%未利用地向耕地转入；有 9.90%的耕地及 23.74%的未利用地向水域转入；林地虽然在前期有部分向建设用地转出，但在 2010 年后呈稳定并有所回升。

表 5.18 中山市 1995—2026 年土地利用转移矩阵

土地利用类型		1995 年					
		建设用地/km^2	耕地/km^2	草地/km^2	未利用地/km^2	水域/km^2	林地/km^2
2026 年	建设用地/km^2	90.39	24.72	25.06	7.80	42.12	14.81
	耕地/km^2	3.72	60.96	8.36	67.76	14.38	2.70
	草地/km^2	\	\	1.44	\	0.00	0.03
	未利用地/km^2	\	0.00	\	0.48	\	0.00
	水域/km^2	1.28	9.90	1.92	23.74	42.54	1.75
	林地/km^2	4.60	4.42	63.21	0.22	0.96	80.71

注："\"表示未发生土地转换，"0.00"表示土地转换比例小于 0.01%。

5.4.5 生境质量时空分异时空演变分析

(1)生境质量变化分析

以多期土地利用数据为基础，通过 InVEST 模型得出多期中山市生境质量结果，并将其两两相减得出生境质量变化结果(图 5.15)，生境质量结果范围为 0～1，两两相减后能得出生境上升、下降区域。由相减结果可得出生境质量提升较大的是 1995—2000 年，占总面积的 9.58%，是四期变化数据中生境质量提升面积占比最多的一期。在 2000 年前后中山市的基塘在珠江三角洲"基塘热"中得到迅猛发展(萧炜鹏 等，2019)，土地向以水域为主的基塘转换，因此带来局部生境质量的提升；而 2000—2010 年生境质量明显出现下降，下降面积占总面积的 18.98%，是四期变化数据之最。下降区域主要发生在西北部、中东部及西南部镇区，同期该区域经济、城镇开发处于快速发展阶段，生境下降与建设用地的增长、经济增长区域相呼应。2010—2018 年与 2018—2026 年两期的变化总体上相对稳定，生境质量稳定区域均达到 92% 以上，且 2018—2026 年生境质量相较以往有所提升。

根据 InVEST 模型得出生境退化度的结果，参考相关研究的分级方式(张学儒 等，2020；刘汉仪 等，2021)，由小至大以等段间隔的方式将其分为无退化(0)、轻度退化(0～0.08)、中度退化(0.08～0.16)、高度退化(0.16～0.24)、重度退化(>0.24)五个等级(图 5.16)。从空间上能发现生境退化度在整体上呈现由城镇中心外扩的趋势，其中建设用地的退化度为无，因为建成区内的土地利用类型已确定，难以更变，故为无退化；靠近城镇用地的边缘地区因易受城镇外扩的影响，故生境退化度是以中、高度退化为主；林地、水域因几何面积较大且利用类型受保护因而难以更变，因而在退化度上以轻度退化为主。因此本节将着重对中、高、重度退化地区进行研究分析。

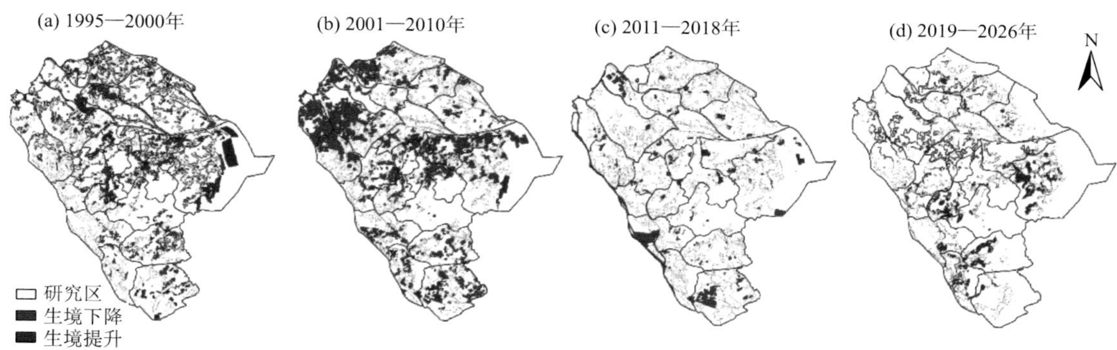

图 5.15 中山市 1995—2026 年生境质量变化

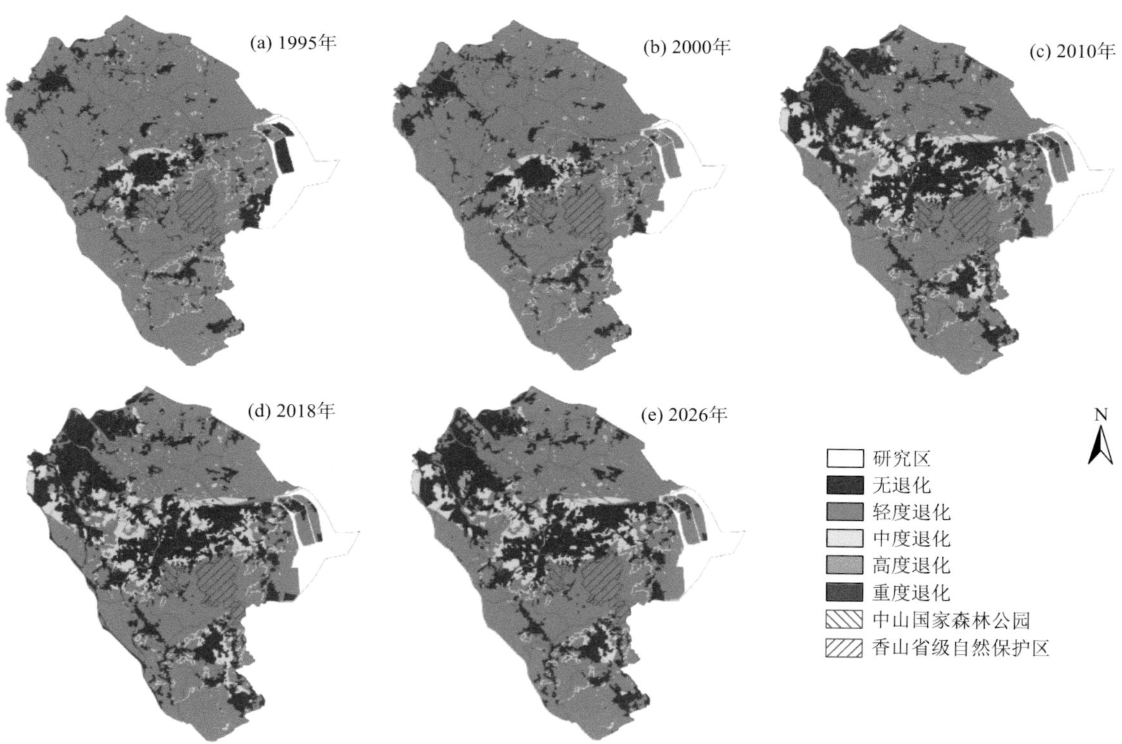

图 5.16 中山市生境质量退化度等级

从时间序列上，能发现 1995—2026 年无退化、轻度退化、中度退化、高度退化、重度退化地区的面积占比分别为 4.98%、4.55%、11.30%、12.57%、12.25%，其中 2010 年中度及以上退化地区的增长幅度达到 148.45%，是研究期内增幅最高的一期，往后增幅下降，直至 2026 年出现负增长。此外，中度退化面积总体呈现上升且趋于平缓的趋势，分布范围主要分布在建成区外围。以 2018 年、2026 年为例，中度退化区主要分布在中山市西北、中、中东、西南部地区，该区域是中山市经济快速发展地区外围，也是易受城镇快速扩张影响区域，因而生境质量易受退化影响。在中部与西南部之间为广东中山香山省级自然保护区及广东中山国家森林公园两大自然保护区，因而受城镇外围扩张影响较小，区域主要以轻度退化为主；而北部地区广泛存在基塘，且本节将基塘划分为水域，因此所受退化威胁较小，也以轻度退化为主。

(2)未来主要生境退化区

通过上述土地利用及生境质量的研究，以2018年为例进行分析，发掘未来主要生境退化区。无退化、轻度退化地区受退化的影响较小，因此本节着重以中、高、重度退化地区作为主要研究对象。生境质量退化主要受人类活动所影响，人类活动大多数在地势平坦地区，因此选取坡度作为影响要素；而人类活动强度的典型区域是城镇用地，故将城镇区域纳入影响要素中。综上所述，选取城镇缓冲距离和坡度进行探究。

选取上述分析中无生境退化地区为主的建设用地作缓冲区距离分析，寻找最佳缓冲距离。随着缓冲区半径的扩大，退化区域与缓冲区叠加面积也随之增加，而与中度及以上退化区域叠加面积比例较大的地区是后续重点关注区域。如表5.19所示，0～300 m缓冲区与退化区面积叠加超过58%，往后300～900 m的缓冲区与退化面积叠加的占比在整体上呈现下降趋势。因此，0～300 m缓冲区是主要受退化影响的区域。

表5.19 影响因素与退化面积占比

缓冲距离/m	中度及以上退化区面积比例/%	坡度/(°)	中度及以上退化区面积比例/%
0～100	27.19	0～6	70.48
100～300	31.52	6～15	21.57
300～500	17.43	15～25	6.09
500～700	10.13	>25	1.79
700～900	11.78		

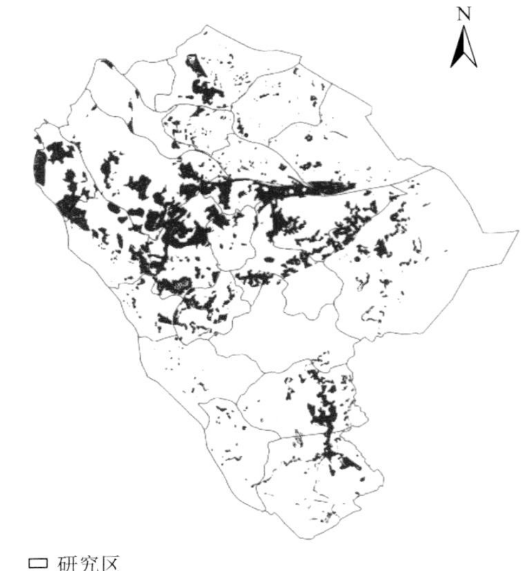

图5.17 中山市2026年主要生境退化区域

通过坡度进行分析中度及以上的退化区域之间的联系，能够发现随着坡度的增加，中度及以上退化区域的面积比例均发生下降。其中，坡度在0～6°时的面积比例是最大的，所占面积超过70%，往后则随坡度增长所占面积减少。由此发现，中度及以上生境退化主要发生在坡度较小的地区，尤其集中在0～6°的地区。与此同时，能发现坡度对生境退化的影响是比较明显的，地形坡度较小地区易受到生境退化的威胁，反之，坡度较大地区则不易受到人类活动干扰，受到退化的威胁较小。

为验证上述要素的适用性，再以2026年为样本进行探讨，结果表明与中度及以上退化地区叠加区域占实际退化地区的92.36%，吻合度较高，从而得到2026年主要生境退化区域(图5.17)。2026年主要生境退化区域分布在西北、中、西南部建设用地周边及地形较平坦地区。

通过对中山市的生境质量与生境退化区的研究，将两大主要自然保护区(中山香山省级自然保护区、中山国家森林公园)叠加至生境变化与生境退化图层中可发现两大自然保护区在研究期间内其生境质量整体上未发生改变，受到较好的保护；在生境质量退化方面受到的威胁较小，符合自然保护区的功能，结果表明，关于中山市的生境质量相关结果是较为可靠的。研究结果与刘汉仪等(2021)对珠江三角洲地区生境质量研究在中山地区的结果相吻合，且与张学儒等(2020)对泛长三角地区生境退化特征的研究成果相符。本研究通过 InVEST 模型对中山市多期生境质量进行评估研究，为生态规划提供了一定参考价值。模型在参数设置上参考了相似地区的研究的参数设置，具有一定合理与科学性。但模型主要是基于土地利用类型及胁迫因子进行生境质量评估，而现实情况中的空间环境因素比较复杂，因此，在宏观上所得结果具有一定的参考价值，而局部特殊环境地区的评估精准度仍待考量。

5.4.6　主要结论

(1)中山市的土地利用向建设用地转换为主，从而带来生境质量的大幅下降，主要分布在北部、主城区及三角、坦洲镇等经济发达镇区；

(2)中度及以上生境退化面积大幅度增加，主要分布在西北、中、中东、西南部建设用地周边；

(3)通过叠加分析获得 2026 年主要生境退化区，主要分布在中山市西北部、中部及西南部建设用地 300 m 范围内和坡度平坦地区。在快速城市化发展下，原本生态结构复杂的珠江入海口城市的生境质量受到冲击，在构建珠江三角洲地区最具特色生态宜居城市的背景下，中山市需统筹区域生态保护与建设。

5.5　中山市生态管理分区研究

5.5.1　基于生态服务价值分区

充分了解和认识研究区的生态系统服务内容与空间差异是进行生态功能区划、生态管理与生态建设中首要的工作。生态功能区划分析研究区现有的生态基础、明确区域生态特征与生态系统服务空间分异规律，从而划分出不同的生态系统空间单元。在此基础上，进一步确定各空间单元的主导生态功能以及潜在生态威胁，是城市化过程中进行产业结构调整和发展布局的重要决策依据。本模块在综合分析中山市生态系统类型和生态服务价值变化情况下，充分了解生态系统的服务构成以及生态系统服务在空间分布上的异质性，从而对中山市的生态服务功能进行区划，有利于加强区域生态系统的管理、提高区域生态系统服务价值。

(1)生态服务功能区划原则及区划依据

① 生态服务功能区划原则

为实现中山市生态功能区划的目标和解决当前所面临的生态环境问题，进行生态功能区划时应遵循以下几个原则(南丛，2009)。

(a)生态系统完整性原则：客观考虑中山市景观生态系统单元及其组合结构的空间完整性基础上，尽量兼顾行政单元的面积完整性。

(b)生态要素相似性原则：全面考虑构成中山市生态系统的各种生态要素在特征上的相似性和差异性。

(c)尺度关联性原则：充分考虑中山市范围内不同尺度等级的生态单元之间的相互关系，以及邻近区域的生态系统对研究范围内生态功能影响。

(d)区域共扼性原则：所划分的每一个子区域必须是相对独立、不重复出现的，而且相互之间在空间上必须连续的、共同组成区域整体。

(e)可持续发展原则：区划方案应能促进中山市生态资源合理开发、生态服务功能得到保育和社会经济实现可持续发展。

② 生态服务功能区划依据

根据上述原则，结合中山市的实际情况，选取了植被、地形、生态系统类型、生态系统服务功能价值 4 个生态指标作为生态服务功能区划的依据(赵宝苹，2011)。

(a)植被指标

植被是生态系统的直观显示，植被覆盖状况的好坏决定着生态系统服务功能的提供。不同的植被类型以及分布格局，其表现出的生态系统服务功能也不同。本节以 NPP 数据来反映中山市的植被覆盖情况，通常情况下，NPP 数值越大的区域，该区域的植被覆盖越好，相应的生态环境也较好。

(b)地形指标

地形指标主要包括海拔高度和地形起伏度等因素，它直接影响陆地表面水、热的分布状况，进而影响生态系统服务价值的大小。本节根据中山市 DEM 数据，获取研究区的海拔、坡度等信息，可以看出整个中山市地势中高周低、南高北低。中部偏东南部地势较高，以低山丘陵为主，北部和南端以冲积平原为主，西部河道交织成网，地势以河谷平原为主。

(c)景观生态系统类型指标

景观生态类型就是人类直接作用于土地而形成的结果。本节根据受人类活动强度的大小，将景观生态系统划分为城镇居民景观(城建用地)、农业景观(耕地、园地、牧草地)、近自然与自然景观(林地、水域、滩涂、荒地)三类，并在生态功能区划时尽量维持景观类型的完整性。

(d)生态系统服务价值指标

生态系统服务价值是生态系统状况直观的、定量的评价结果，可以反映一个地区的生态系统功能损益趋势，能够据此预测区域生态系统的未来发展状况。生态系统服务价值是生态系统的综合反映，一定程度上可直接作为反映生态系统健康状况的指标，并用于指导人们避免破坏生态环境的行为。根据前文的研究结果，将生态系统服务价值划分不同的等级，并以此作为生态功能区划的重要依据。

(2)生态服务功能区划标准和区划方法

① 生态服务功能区划标准设置

(a)确定各生态指标权重

在确定生态指标后，如何设定各指标的权重是关键，运用公式确定各个生态指标的权重。公式为：

$$W_i = \frac{X_i}{\sum_{i=1}^{4} X_i} \tag{5.36}$$

式中，W_i 为各评价单元的权重，X_i 为生态指标对生态功能区划的相对重要性，其数值如表 5.20 所示。

表 5.20　各指标重要性程度赋值

指标	重要程度	赋值
植被覆盖	重要	0.2
地形起伏度	重要	0.2
景观生态类型	重要	0.2
生态系统服务价值	较重要	0.4

(b)制定各生态指标分级标准

各生态指标的分级、赋分情况如表 5.21 所示。

表 5.21　各生态指标的分级标准及其分值

指标	分级赋分		
	3	6	9
植被覆盖/(g/(m^2 · a))	0～1500	1500～3000	>3000
地形起伏度/m	0～50	50～100	>100
景观生态类型	城镇景观	农业景观	近自然和自然景观
生态系统服务价值/元	0～15000	15000～30000	>30000

运用多指标加权求和模型计算各行政区的生态功能综合指数，多指标加权求和模型如下：

$$S=\sum_{i=1}^{n}A_i\times W_i \tag{5.37}$$

式中，W_i 为各生态指标的权重，A_i 为各生态指标的生态功能指标分值，S 为研究区生态功能评价指数，$n=4$。

② 生态服务功能区划方法选择

在确定生态服务功能区划的划分指标之后，基于 ArcGIS 软件平台的空间分析技术，以 30 m 栅格为评价单元，将 4 个生态指标分别建立栅格图层。首先，按照各生态因子在生态功能区划中的重要程度进行分级并赋值，然后运用公式(5.36)计算各指标权重；其次，将各生态指标进行等级划分，制定打分标准；再结合生态服务价值估算结果，建立 ArcGIS 属性数据库，进行图层叠加及多指标加权求和运算；最后，根据叠加结果去除小图斑，确定区划边界后进行图件输出及面积量算。具体流程如图 5.18 所示。

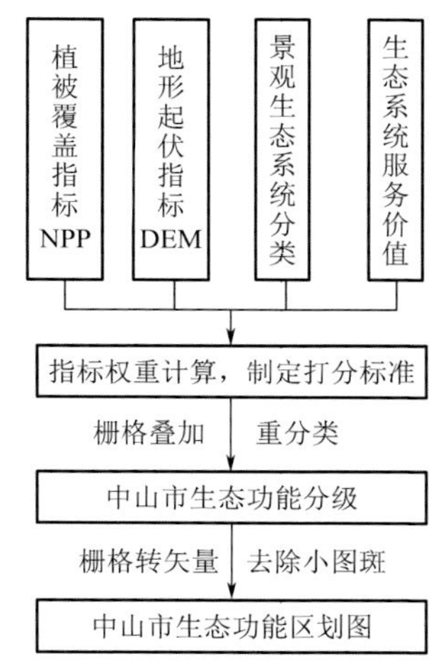

图 5.18　生态功能区划流程图

(3)中山市生态服务功能区划结果

在对中山市的现状生态特征进行分析的基础上，结合植被覆盖情况、地形起伏度和中山市生态系统服务功能的空间差异，对中山市进行生态功能区进行划分，明晰每个功能区的主导生态功能和潜在的生态环境问题，提出相应的生态环境建设与发展方向，为相关部门进行区域生态安全维护、环境资源的合理利用和工农业生产的合理布局等提供理论参考。

为实现区域、部门、产业的协调发展，做好生态功能的调查与区划是基础性的工作，在此基础上才能正确把握区域发展的总体规划布局。根据国家环境保护总局 2002 年发布的《生态功能区划暂行规程》，生态功能区划要实现以下目标：

① 明确中山市生态系统类型的演变过程与现状构成，及其生态系统服务功能的空间分布特征；

② 明确中山市当前存在或未来潜在的生态环境问题和主要成因，及其影响因素的空间分布特征；

图 5.19　中山市生态系统服务功能区划图

③ 明确不同生态系统类型的生态服务功能，及其对区域社会经济发展的作用，切实维护或提高区域生态服务价值；

④ 明确各生态功能区分布范围和界线，及其生态保育的目标和任务，提出具体实现措施。

明晰中山市自然生态基础的空间分异特点，并结合当地社会经济发展状况，以生态建设目标为划分依据，参考 2006 年中山市人民政府发布的《中山市城市总体规划（2005—2020）》和中山市环境保护局发布的《中山市环境保护规划（2006—2020）》，将中山市生态功能区划分为生态保育、生态控制、生态协调三大功能区，参照中山市地域分异和保护区侧重点的不同再划分出七个功能亚区：中南部山地丘陵生态保护区；东北部平原农业生态区、西部沿江农业生态走廊、东部沿海滩涂养殖与湿地保护区；北部城镇生产生活区、中部中心城市建设区、南部城镇生产生活区。具体方案见图 5.19 和表 5.22。

表 5.22　中山市生态功能区划方案

生态建设目标	生态功能区	范围	主要生态功能
生态保育 Ⅰ	中南部山地丘陵生态保护区 Ⅰa	长江水库自然保护区，五桂山镇，板芙、三乡、坦洲、神湾、南朗等镇部分地区	保护自然生态现状、维护区域生态安全、区域水源涵养、生物多样性保护、小气候调节、营养物质保持、提供娱乐休闲
生态控制 Ⅱ	东北部平原农业生态区 Ⅱa	黄圃、阜沙、港口、三角、民众等镇区	维护区域生态安全、粮食供给、水源涵养、水土保持、预防地质自然灾害、保持生态景观
	西部沿江农业生态走廊 Ⅱb	大涌、横栏、板芙、神湾及坦洲等镇部分地区	维护区域生态安全、建设沿江绿化带、防护林带、营造绿色水生态走廊、污染净化、改善各级河道的水环境质量、洪水调蓄、提供休闲娱乐等生态服务
	东部沿海滩涂养殖与湿地保护区 Ⅱc	主要为南朗镇沿海地区	维护区域生态安全、固岸护堤、防风消浪、促淤保滩、提供了基础自然资源、保护生物多样性、区域小气候调节、提供娱乐休闲

续表

生态建设目标	生态功能区	范围	主要生态功能
生态协调 Ⅲ	北部城镇生产生活区 Ⅲa	古镇、小榄、东凤、南头和黄圃西部	维护区域生态安全、水源涵养、水土保持、洪水调控、特色生态工业、人居环境美化
	中部中心城市建设区 Ⅲb	火炬开发区、东区、石岐、西区、南区、沙溪	维护区域生态安全、都市生态景观、城市生态文化、协调人居环境与经济发展、人居健康环境、发展绿色工业、绿色商贸业
	南部城镇生产生活区 Ⅲc	三乡和坦洲镇城镇建设区	维护区域生态安全、水源涵养、洪水调控、水土保持、都市农业、生态工业、生态人居环境美化

(4)中山市生态服务功能区建设规划建议

① 中南部山地丘陵生态保护区

本区包括五桂山国家级森林公园、长江水库自然保护区及其辐射的周边地区。总面积402.7 km^2,占全市总面积的22%。五桂山国家级森林公园,面积4311 hm^2,森林覆盖面积广,在全市生态服务中发挥着重要的作用,是生态保护的重点。目前开发主要以森林生态、森林景观为资源开展森林旅游为主。长江水库自然保护区指整个长江水库集水区分水线范围,面积约31.85 km^2,该区域主要生态功能与保护目标包括水库一级水源保护、库区珍稀鸟类等重要物种保护、水源涵养林生态系统保护。本区生态服务功能极为重要,国家级森林公园位于境内,植被覆盖密度大,产品供给良好,在维持生物多样性方面也有重要的贡献。存在微度的土壤侵蚀,地质灾害点分布密集。因此,本区在维护区域生态系统安全格局方面具有重要意义,需要加以重点管理和维护。

本区主要发展方向:首先,对区内的天然林加以保护,保持区内生物多样性,维持良好的水源涵养林覆盖,适当实施一批水土流失治理重点工程;其次,借助本区五桂山国家级森林公园、长江水库风景区的旅游资源优势,大力发展旅游业;再次,以生态保护为重点,开展森林生态、森林景观为主的森林旅游活动。

② 东北部平原农业生态区

该区位于中山市东北部,主要包括黄圃、阜沙、三角、港口、民众等镇,总面积506.2 km^2,约占全市总面积的28%。该区域分布着较为广泛的耕地和基塘用地,是中山市重要的粮食种植地和基塘养殖地,同时具有相对比较重要的自然生态服务功能和社会生态服务功能。主要存在的生态问题是区域土壤侵蚀较为敏感,生态系统对外来干扰抵抗力弱,系统内部稳定性较差。需要根据资源环境的特点,以生态环境承载力为基础,优化产业布局。

本区主要发展方向:首先,根据本区基塘生态系统面积大的特点,发展基塘生态农业模式,加强基塘的保护与改造,削减面源污染负荷,以充分发挥其良好的生态效益和经济效益;其次,改良耕地质量、改善灌溉设施,以提高本区粮食产量;再次,深化农业结构调整,积极发展现代农业,促进农业科技进步。

③ 西部沿江生态农业走廊

本区域位于中山市西部,主要包括大涌、板芙、神湾、坦洲及横栏部分地区,沿江而且呈狭长型分布,面积136.1 km^2,约占全市总面积的7%。区内河网密布,在水资源供给和水源涵养服务中发挥着重要作用。该区域农业发展较快，尤其是基塘养殖农业比重越来越大，无序快速的农业发展导致水土流失较为严重。

本区主要发展方向：首先，要适当控制沿江地区城镇发展规模，合理进行城镇体系建设的空间调控，限制沿岸 1 km 范围内的城镇和工业园区建设；其次，由于本区河网密布，地表径流丰富，建立雨污分流的管网系统尤为重要，应加强污水处理设施建设和维护；再次，要加强水土流失防治工作，提前做好配套的水土流失防治方案，城镇建设要做好园林绿化规划工作以防止坡面水土流失，加强地质环境勘探与监测，预防山体滑坡灾害。

④ 东部沿海滩涂养殖与湿地保护区

本区域位于东部南朗镇沿海地区，面积 187.9 km^2，约占全市总面积的 10%。区内沼泽滩涂广布，是中山市红树林分布的主要区域，在生物多样性保护、调节气候生态服务中发挥着重要作用。随着填海造地工程的进一步实施以及港口铁路的建设，该区域社会经济发展和生态环境保护都存在较大的变动因素。

本区主要发展方向：首先，提前制定湿地保护规划，控制养殖规模与强度，防止养殖污染的面源扩散，加强滩涂和湿地生态系统的保护；其次，在南朗镇的崖口一带滩涂红树林状况保存比较好的区域划出一定的面积，建设红树林自然保护区，并逐步进行红树林的恢复；再次，大力发展绿色产业，利用红树林特殊旅游资源发展红树林观光旅游。

⑤ 北部城镇生产生活区

本区位于中山市的西北部，包括古镇、小榄、东凤、南头和黄圃西部镇区，总面积 197.7 km^2，约占全市总面积的 11%。本区以水源涵养和水土保持等生态服务功能为主导，辅以城镇生产生活服务、特色加工商贸服务等生活生产功能。该区是中山市的特色工业镇所在地，发展成了西北部组团特色传统工业的集聚区。主要以小榄镇为核心，古镇镇、南头镇等为重要组成部分，在政府的领导下各镇以发展特色产业为思路，充分利用各自优势，并努力做到优势互补。

本区主要发展方向：首先，加强对水源地保护，限制水源地保护区域内的城镇发展和污染产业布局；对已建成区要建立雨污分流的管网系统，完善污水收集和处理设施；加强对污染企业的监控，严禁污染物偷排行为。其次，加强对农田和基塘用地的保护，充分利用现有农田和基塘系统的自净能力削减部分污染；提倡种养无公害农产品，严格控制化肥农药施用量；充分利用现存农田、基塘，结合水源地保护形成多样化的绿化隔离带。再次，优化城镇空间格局，保护城镇绿化隔离带。目前该区的城镇建设用地增量扩张空间有限，建成区的面积比例已经超过 30%。重点关注如何提高区域土地的利用效率，避免城镇建设面积的无序蔓延扩张，保护好绿化廊道和隔离带。

⑥ 中部中心城市建设区

本区位于中山市城市中心，是中山市市政府所在地，发挥着城市职能中心作用；也是中山市的政治社会经济活动中心，在商贸、科研文化等发挥着重要的作用。包括火炬开发区、东区、石岐、西区、南区、沙溪等镇区，面积约 274.4 km^2，约占全市总面积的 15%。地势较为平坦，主要为内陆盆地平原区，河道纵横，主要生态问题为人口高度密集，土地开发利用强度高，资源丰度相对较低，城市污染较为严重。

本区主要发展方向：首先，调整城市产业结构，充分发挥该区城市职能中心作用，适当关闭一些污染严重的企业，以减轻城区污染负荷；其次，建立完善的污水和垃圾收集处理系统，提高城市生活污水和城市垃圾的处理达标率；再次，加强城市绿地系统建设，注重绿化廊道景观规划，做好城市绿化隔离带的保护和建设。

⑦ 南部城镇生产生活区

本区位于中山市南部，包括三乡和坦洲镇的大部分建成区，面积 151 km^2，约占全市总面积的 8%。该地区植被类型以马尾松等落叶针叶林为主，地貌以丘陵平原为主。区域内也分布着较多的湿地资源，在区域生态多样性和气候调节方面发挥着重要的作用。另外，加工业也较为发达，以三乡镇为核心，发挥区位和港口优势，发展了南部组团外向型加工产业区。

本区主要发展方向：首先，严格保护三乡镇镇区中的现有农田，作为三乡镇的“绿心”予以重点保护，加强山前丘陵开发地带的水土流失防治，减少对自然山体的开挖与破坏；其次，建立三乡与坦洲之间的流域生态环境保护与利用的协调机制，促进上下游地区的协调发展；再次，开展坦洲西部河涌湿地地区的综合开发，探索湿地地带的生态农业模式等。

5.5.2　基于生态风险分区

区域生态风险评价目的是为区域生态风险管理提供科学依据（周婷 等，2009；陈辉 等，2006）。在评价生态风险结果的基础上，生态风险管理根据生态系统的变化机制，充分考虑自然、社会等各种因素后，采取相应的管理对策来抑制或降低生态风险，保护区域生态系统的安全和健康。

基于对中山市的生态风险评价，编制出 1990 年、2000 年和 2013 年中山市生态风险等级空间分布图，分析了中山市 23 年间生态风险动态及空间分布规律。结果表明，中山市部分地区的生态风险处于上升的态势，生态风险高值聚集区持续增加，这些地区的生态环境存在较大的潜在的危害。为了缓解中山市生态环境的压力，结合中山市生态环境的现状、土地利用类型现状和经济社会发展需求等，制定出相应的生态风险调控对策。

（1）中山市生态风险等级划分

本研究运用 ArcGIS 10.2 下的 Geostatistical Analysis 的地统计分析模块，在对研究区生态风险指数进行系统采样，通过软件计算出半变异函数值并对其进行理论半变异函数的拟合，发现球状模型的拟合效果最为理想。因此，在半变异函数分析的基础上，运用普通克里金（Ordinary Kriging）插值法对 1990 年、2000 年和 2013 年的生态风险指数进行空间插值，并参考相关文献（徐丽芬 等，2010；常青 等，2012），将插值后分布图按 Natural Break 法进行空间重采样，划分为 5 个等级：低生态风险区（$I_{ERI}<0.17$）、较低生态风险区（$0.17\leqslant I_{ERI}<0.34$）、中等生态风险区（$0.34\leqslant I_{ERI}<0.51$）、较高生态风险区（$0.51\leqslant I_{ERI}<0.68$）以及高生态风险区（$I_{ERI}\geqslant 0.68$），从而得出 1990—2013 年中山市的土地利用生态风险等级空间分布图（图 5.20），并统计各级别的面积及百分比，见表 5.23、图 5.21。

1990 年中山市生态风险主要以低风险和较低风险为主，但出现生态高风险区域。低风险区主要分布在深湾镇与坦洲镇和三乡镇交界山地处、五桂山及其边缘地带。而生态高风险区主要分布在小榄镇中部、古镇镇西部、三乡镇中部及市中心的石岐区与东区交界处。较高风险区则出现在高风险区的边缘地带及南朗镇的东部与南部水域。通过生态风险等级空间分布图可以发现大部分乡镇地区均属于中生态风险区和较低中生态风险区，与实际情况吻合。

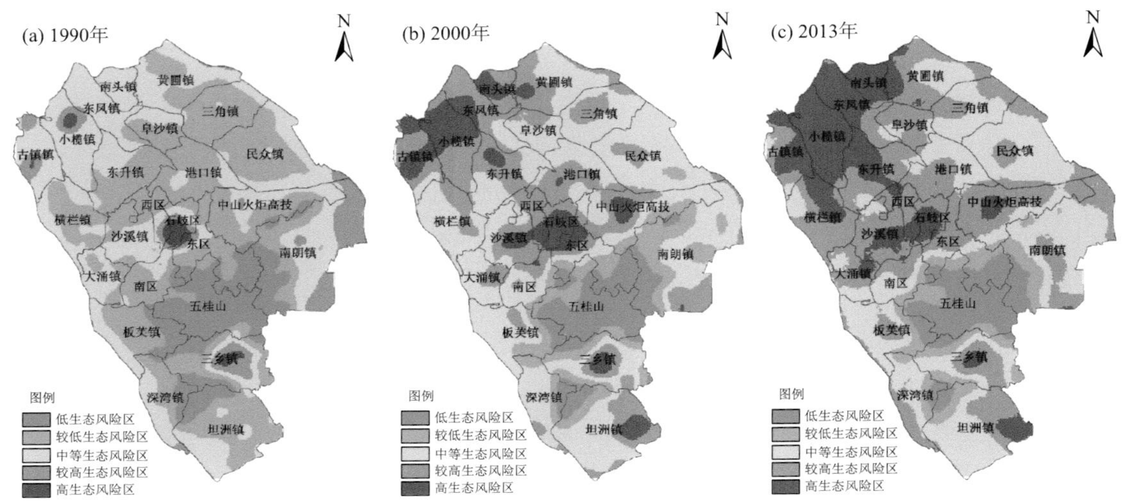

图 5.20　中山市年土地利用生态风险等级空间分布图

表 5.23　中山市生态风险等级面积统计

年份	低风险区面积/ km^2	较低风险区面积/ km^2	中等风险区面积/ km^2	较高风险区面积/ km^2	高风险区面积/ km^2
1990 年	258.35	849.49	539.28	98.23	16.22
2000 年	170.57	189.05	777.08	458.92	165.95
2013 年	155.85	130.27	572.94	601.98	300.53

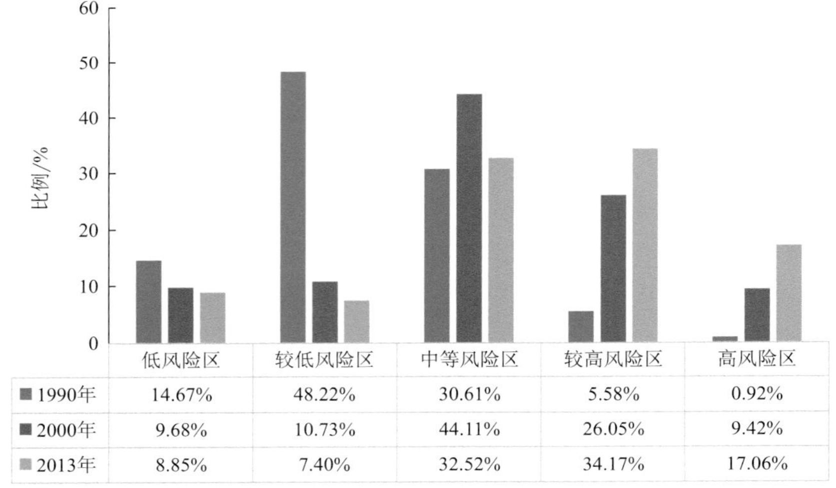

图 5.21　中山市生态风险等级比例统计

2000 年，除了低风险区分布位置保持不变之外，中山市的高风险区、较高风险区和中等风险区的分布都有大幅度的增加。在 1990 年的基础上，高风险区不断向四周扩展至北部的东风镇、黄圃镇、东升镇，中部的中山火炬高技术产业开发区、东区、西区和沙溪镇等，南部靠近珠海的坦洲镇也出现大面积的高风险区。而较高风险区分布除了在高风险区的边缘地带所在的乡镇和街道办之外，还出现在三角镇、港口镇、民众镇、大涌镇、南朗镇南部等地区。而除了以上乡镇大部分属于高风险区、低风险区，其他乡镇的大部分区域均属于中生态风险区和较低生态风险区。

2013 年，中山市的高风险区分布急剧增加，大部分由较高风险区转入，主要分布在中山市西北部（小榄镇、古镇镇、东升镇、横栏镇、南头镇、东凤镇、东升镇等），中部的沙溪镇、石岐区、东区的中山火炬高技术产业开发区，南部的三乡镇和坦洲镇部分地区等。在 2000 年的基础上，低风险区分布除了边缘地带略有减少，基本保持不变。其他乡镇的大部分地区均属于中生态风险区。

1990—2013 年，中山市的生态风险逐年加大，生态风险分布主要受地形和地类的影响较大。由于深湾镇与坦洲镇和三乡镇交界处的山地、五桂山地势较高，主要为林地，受经济和社会的干扰相对较少，其生态风险小；该市的北部乡镇，中部乡镇街道等地区的生态风险较高，主要是由于城市化的发展，人口聚居，第二产业发达，人类活动频繁，盲目开发，建设用地集中，侵占大量的耕地和基塘用地。原本该生态系统受到的干扰一直超过自身承载的能力，导致该高生态风险区域的范围不断扩大。与此相应，较高生态风险区域也有大幅度的增加。

1990—2013 年，中山市的高、较高生态风险区面积快速增加，由 114.45 km^2 上升到 902.51 km^2，占中山市土地总面积的比例由 6.50%升至 51.23%，其中，高风险区面积上升了 284.31 km^2，较高风险区面积则上升了 502.75 km^2；中等风险区是三期生态风险区占总土地面积之一，其占土地总面积比例先从 30.61%上升到 44.11%，后降低到 32.52%；低生态风险区的面积略有减少，由 258.35 km^2 减少到 155.85 km^2；较低风险区面积则急速减少，由 849.49 km^2 减少到 130.27 km^2，占土地总面积的比例由 48.22% 减少至 7.40%。

（2）中山市土地利用生态风险管理对策

① 低、较低生态风险区的管理对策

自 1990 年以来，低风险区的分布基本维持原来的位置，但范围稍微减小。低、较低风险区主要分布在深湾镇与坦洲镇和三乡镇交界山地处、五桂山及边缘地带。由于此处地势较高，主要为林地和草地，受经济和社会的干扰相对较少，其生态风险小。其典型的风险源是水土流失。这些地区一旦受到扰动甚至破坏，恢复其原来的面貌相当困难。如果这些地区的植被和地表没有得到很好的保护，可能会诱发滑坡、泥石流等地质灾害。基于以上的原因，有以下几个方面对策和建议。

（a）植树造林，加强生态环境建设。这些年来，中山市政府一直重视林地的生态环境保护。2009 年，中山市政府正式启动“建设林业生态文明万村绿”行动，鼓励居民植树造林，从而提高五桂山的森林覆盖率，保护其郁闭度。根据中山市的气候特征，选择适宜当地生长的林木，从而可以提高区域森林的占有量和更好地保护生态环境。

（b）坚持保护湿地、改善生态环境。在今后的城市建设中，中山市政府必须把生态建设和环境保护放在重要的位置，例如，把城郊万顷湿地、南朗镇的崖口红树林自然保护区、各城镇的河涌作为该市的城市发展生态的“无价之宝”，保护河涌生态物种，恢复湿地、提高水源涵养功能，进一步改善生态环境。

（c）发展立体农业。由于五桂山的山区地势陡峻，不利用发展梯度耕地，建议发展立体生态农业，因地制宜，根据农、林作物的生态适宜性，在一定环境承载力下，合理植种适宜品种。提高农民收入的同时，又可以促进多种农业的经营发展，更重要的是可以保护生态环境。

（d）提高公民的环境保护意识。提高人口素质，增强全民绿化意识，加快绿化国土和生态环境建设。结合中山市各个乡镇的实际情况，进行宣传工作，如开展"关注水资源一日游"、组织学生参观水利工程等活动。

② 中等生态风险区的管理对策

相比 2000 年，2013 年的中等生态风险区有明显的下降，主要分布在板芙镇、坦洲镇中西部、南区西部、南朗镇、民众镇、黄圃镇中部、港口镇中东部等地区。这些地区的景观类型主要是基塘用地和耕地。采取的对策是应当保护该地区的耕地和基塘用地，禁止非法生产经营活动侵占耕地和基塘用地。优化土地利用结构，提高土地环境功能，加强耕地和基塘用地建设，保证农产品种植生产多样化，促进当地的经济发展。同时，还可以在农田周围建设生态缓冲区，如农田防护林带，以保证减低土壤的侵蚀作用，提高土壤肥力。

③高、较高生态风险区的管理对策

1990—2013 年，高、较高生态风险区面积快速增加，由 114.45 km^2 增加到 902.51 km^2，占土地总面积的比例由 6.50% 增至 51.23%，主要分布在小榄镇、古镇镇、东升镇、横栏镇、南头镇、东凤镇、东升镇、阜沙镇、黄圃镇北部和西部、港口镇西部、大涌镇、沙溪镇、石岐区、中山火炬高技术产业开发区、三乡镇和坦洲镇等地区。

(a)建立生态文明城镇。严格按照"先规划、后建设"的原则，避免"摊大饼"式的盲目进行发展，其规划必须符合生态原则。对一些特别高污染的企业迁入要进行严格监管，对其产生的污染物进行实时监控，严防偷排。同时，清理城市河涌的垃圾，对生产生活所产生的废水、废渣及时处理，经过处理后的废水方能排入河流。据中山市政府网站统计数据，2012 年，中山市的生活垃圾处理率达到 95%，而城镇生活污水处理率也达到 90.5%，特别在实施雨污分流工程方面有独特的一套方法。

(b)加强未利用地的生态恢复和建设，控制建设用地规模。1990—2013 年以来，中山市的未利用地占总面积的比例由 5.93%下降到 0.67%，此时，未利用地基本被开发完毕，并且未利用地最容易受到人类活动的干扰，生态环境极其脆弱，并且恢复起来比较困难。因此，加强对未利用地进行整治，例如对城市荒草地进行生态恢复，可美化和改善生态环境。与此同时，控制建设用地规模，可在村庄道路两旁、河流两岸进行绿化建设，以缓冲将建设用地的扩张所带来的生态风险。

(c)加强灾害监测与管理。培养更多灾害研究方面的人才，提高灾害研究经费，进一步提高灾害预警系统和监测力度。对自然灾害高发区应在政策上给予适当的帮助，在全市范围内建立起受灾风险补贴制度，特别是对严重受灾地区的财政扶持，使灾后重建工作得以及时开展。

(d)加强水土流失治理。中山市属南亚热带海洋性季风气候，地形以平原为主，年平均降水量为 1791.3 mm，灾害性天气主要是台风和暴雨。因此，在大雨及大暴雨的冲刷下，水流携带着大量泥土和细沙流入河道，会造成河道淤积甚至堵塞。在人类的干扰下，水土流失产生的后果在短期内可展现。因此，加强水土流失治理，应采取生物与工程两者相结合的措施，如生态环境较为恶化的地区，可通过封沙育草，修复错带植被。严格执行退耕还林还草政策，尤其是对不适宜耕种的土地，要及时退耕，植树种草。对特殊地形区，应因地制宜，在某种程度上改变局部小地形，防止水土流失。

第6章

结论与展望

6.1 结论

本书以珠江三角洲全域、珠江西岸和中山市多个空间视角开展区域生态系统服务的综合研究，以丰富城市群间的联系及为管理、政策制定提供参考依据。研究通过 InVEST、GeoSOS-FLUS 等模型、市场价值法、机会成本法、费用支出、风险指数等方法对研究区内的生态系统服务进行定量评估，探析了研究区内生态系统服务的物理量、服务价值及其风险指数情况。通过空间制图将上述内容直观、清晰化进行表达，捋清时空动态下的珠江三角洲地区生态系统服务情况。基于上述研究结果，本研究得出以下主要结论。

(1)珠江三角洲地区生态系统服务综合评估

① 关键生态系统服务评估。产水服务供给方面，主要呈现出中部高、东部次之、西部低的空间分布格局，且呈现出明显的增加趋势，主要发生在其中部地区；固碳服务供给方面，主要呈现出东西部高、中部低的空间分布格局，总体呈下降趋势；土壤保持服务供给方面，主要呈现东西高、中部低的空间格局，总体呈下降趋势；食物供给服务方面，主要呈现中部高、四周低的空间格局，总体呈大幅度下降趋势。

② 生态系统服务供给需求。产水服务需求方面，主要呈现中部和南部高、向四周逐渐降低的空间分布格局；固碳服务需求方面，主要呈现中部和南部局部高、三周边缘低的空间格局；土壤保持服务需求方面，主要呈现仅西部的惠州东南角高、中部低、其余区域零散分布较高和较低的空间格局。生态系统服务供需匹配方面，目前固碳服务、产水服务和土壤保持服务的供需比指数均为负值，表示生态的需求大于生态供给能力，整体供需匹配状况较差。固碳服务供需匹配的空间格局表现为大片中部区域赤字、西部和东部略盈余；产水服务表现为中部赤字、西部和东部盈余，部分区域接近供需平衡；土壤保持服务供需匹配的空间格局表现为中部赤字、盈余区域零散分布于四周。

③ 生态系统服务权衡关系。在时间尺度上，研究区内食物供给服务与固碳服务、固碳服务与土壤保持服务之间具有协同关系；固碳服务与产水服务、土壤保持服务与产水服务两两之间具有权衡关系。在空间尺度上，珠江三角洲地区各生态系统服务对具有较强的空间异质性；生态系统服务簇综合作用结果首先表现为高权衡作用为主，其次整个研究区以低协同作用为辅。

④ 生态安全格局构建。珠江三角洲地区生态源地主要由林地和耕地两种地类组成，主要分布在广州市北部、肇庆市、香港中部和惠州市北部、东部等；生态廊道全长 1523.90 km，呈树枝状从东部向西北部和西南部延伸并规避了人类扰动较大的城镇密集区；高、中、低三种水平生

态安全分区为占总面积的 45.67%、17.72%、3.66%，具有由外围的高水平逐渐过渡到中心的低水平的结构特征。

(2)珠江西岸水土保持服务综合研究

① 珠江西岸基塘区产水服务呈现“先降后升再降，总体上升”的趋势。由于产水服务受降雨量影响大，导致珠江西岸基塘区五个时期的产水服务分布格局迥异，尤其是中部地区变化较大，但整体看呈现西北低东南高的态势。从土地利用类型上看，珠江西岸基塘区建设用地、未利用地和基塘产水能力较强，其次是草地、耕地和林地。

② 珠江西岸基塘区土壤保持量呈现“先降后升再降，总体上升”的趋势。从空间分布来看，珠江西岸基塘区五个时期的土壤保持分布格局基本类似，高值普遍集中在西北、西南和东北部的高森林覆盖地区，低值主要集中在中东部地区。从土地利用类型上看，林地持有研究区土壤保持量的 90%以上，是其余用地的几倍至十几倍，是主导土壤保持服务的用地类型，其次是草地。耕地、建设用地和基塘等受人类活动干扰强的用地类型土壤保持能力弱，尤其是基塘，为所有用地类型最低。

(3)中山市生态系统服务综合评估与模拟研究

① 生态系统服务价值评估。时间尺度上看，中山市生态系统动态变化剧烈，自然或近自然生态系统不断减少，取而代之的是人工生态系统的不断增加。生态系统的剧烈变化导致其服务功能价值总体呈现减小趋势。淡水资源供给价值和水文调节价值呈逐年增加趋势、土壤保持价值呈先减少后增加趋势、美学景观价值呈先增加后减少、物质生产、气体调节、空气净化、水源涵养、营养循环和生物多样性保护价值呈逐年减少等趋势。空间分布上看，中山市生态系统提供的价值总体上南部大于北部；农田、森林、园地和水域能为地区的生态系统服务提供保障，而城市系统面积的增加是造成城市总体价值下降的主要原因。

② 中山市生态风险评价。中山市的土地利用生态风险指数在空间分布上存在着高度的正相关性，呈现显著的空间集聚模式，并随时间推移表现出增加趋势。其中生态风险高值聚集区主要分布在西北部(小榄镇、古镇镇、东升镇、横栏镇、南头镇、东凤镇等)，中部的沙溪镇、石岐区、东区、中山火炬高技术产业开发区，南部的三乡镇和坦洲镇部分地区等。随着城市化水平提升，中山市生态风险增加的态势越来越明显，高、较高生态风险区面积快速增加，城市化对生态风险表现正效应。当前中山市的生态风险指数为 0.4638，处于较安全等级，但是大部分乡镇的生态安全濒临临界安全。

③ 生态分区管理。基于供需关系，将研究区划分为生态恢复区、生态调控区、生态控制区、生态保育区进行管理；基于生态系统服务簇权衡与协同关系，将研究区划分高权衡区、低权衡区、高协同区、低协同区进行管理；基于生态服务价值分区，将中山市生态功能区划分为生态保育、生态控制、生态协调三大功能区，并参照中山市地域分异和保护区侧重点的不同再划分出七个功能亚区；基于生态风险分区，将中山市划分为低风险区、较低风险区、中等风险区、较高风险区、高风险区进行管理。

6.2 展望

绿水青山就是金山银山，生态系统具有巨大生态价值，生态价值可以带来经济效益。本研究通过对珠江三角洲生态系统服务的物质量、价值量等进行估算,从不同视角深入研究并在此基础上设立管理分区以供决策者参考。但研究深度仍有待挖掘,包括以下方面。

(1)在未来的研究中,应加强对生态系统服务全面性及内在机理和作用机制的研究,并且将更多的自然和社会经济因素纳入评估范围,选取具有更高分辨率的数据以及实地调查数据,并对其他生态系统服务进行量化分析、探究,使政府在制定相关政策及法规时能全面关注到每一项生态系统服务,维持生态平衡,保障经济与生态系统协调可持续发展,为区域生态系统的管理以及生态保护提供更为全面和具体的参考依据。

(2)生态系统服务评估和权衡系统研究工作未来在数据共享、云计算、模型本地化优化以及权衡协同机理的深度探究等方面都有待发掘和提高。落实到实际工作中,为了因地制宜制定相关政策,厘清生态系统服务供需关系、识别生态系统服务源、汇及其流动特征,构建生态系统服务安全格局、完善生态功能分区是接下来的工作重点。因此,未来需从生态系统服务的流动等角度进行探索,如:城市群内部之间供给和需求流动、城市群内部和外部的交互关系、生态系统服务流动的关键节点探寻等。因此,未来要更加关注生态系统服务流动及其相关影响。

(3)生态系统服务的定量评估研究已经在越来越多的实践工作中发挥着越来越重要的作用,包括国土空间规划三区三线的划定、区域生态系统生产总值(Gross Ecosystem Product,GEP)评估、生态资产核算及市场建立以及对可持续发展目标的重要贡献等。珠三角地区生态系统服务的定量研究反映出快速城镇化背景下人地关系的进一步探讨,是构建和谐人居环境,建立可持续发展实践的重要基础。未来生态系统服务的理论研究、方法扩展将逐步走向实践应用,构建更多的实践应用场景和交互界面,从多个视角帮助人们进一步认知自然环境的发展变化。

参考文献

白杨，郑华，庄长伟，等，2013. 白洋淀流域生态系统服务评估及其调控[J]. 生态学报，33(3)：711-717.

蔡睿，徐瑞松，陈彧，等，2009. 广东省植被 NPP 时空特征变化分析[J]. 农机化研究，31(2)：9-11+16.

蔡中华，王晴，刘广青，2014. 中国生态系统服务价值的再计算[J]. 生态经济，30(2)：16-18，23.

曹帅，金晓斌，杨绪红，等，2019. 耦合 MOP 与 GeoSOS-FLUS 模型的县级土地利用结构与布局复合优化[J]. 自然资源学报，34(6)：1171-1185.

常青，邱瑶，谢苗苗，等，2012. 基于土地破坏的矿区生态风险评价：理论与方法[J]. 生态学报，32(16)：5164-5174.

陈海鹏，2017. 区域生态系统服务权衡研究[D]. 兰州：兰州交通大学.

陈辉，刘劲松，曹宇，等，2006. 生态风险评价研究进展[J]. 生态学报(5)：1558-1566.

陈龙，谢高地，裴厦，等，2012. 澜沧江流域生态系统土壤保持功能及其空间分布[J]. 应用生态学报，23(8)：2249-2256.

陈能汪，李焕承，王莉红，2009. 生态系统服务内涵、价值评估与 GIS 表达[J]. 生态环境学报，18(5)：1987-1994.

陈妍，乔飞，江磊，2016. 基于 InVEST 模型的土地利用格局变化对区域尺度生境质量的影响研究——以北京为例[J]. 北京大学学报(自然科学版)，52(3)：553-562.

陈逸敏，黎夏，刘小平，等，2010. 基于耦合地理模拟优化系统 GeoSOS 的农田保护区预警[J]. 地理学报，65(9)：1137-1145.

戴尔阜，马良，2018. 土地变化模型方法综述[J]. 地理科学进展，37(1)：152-162.

戴尔阜，王晓莉，朱建佳，等，2016. 生态系统服务权衡：方法、模型与研究框架[J]. 地理研究，35(6)：1005-1016.

党虹，2018. 基于 InVEST 模型的称钩河流域生态系统服务评价[D]. 兰州：兰州大学.

董潇楠，2019. 承灾脆弱性视角下的生态系统服务需求评估与供需空间匹配[D]. 北京：中国地质大学.

杜军，杨青华，2010. 基于土地利用变化和空间统计学的区域生态风险分析——以武汉市为例[J]. 国土资源遥感(2)：102-106.

段锦，康慕谊，江源，2012. 东江流域生态系统服务价值变化研究[J]. 自然资源学报，27(1)：90-103.

冯舒，孙然好，陈利顶，2018. 基于土地利用格局变化的北京市生境质量时空演变研究[J]. 生态学报，38(12)：4167-4179.

傅伯杰，于丹丹，2016. 生态系统服务权衡与集成方法[J]. 资源科学，38(1)：1-9.

傅伯杰，张立伟，2014. 土地利用变化与生态系统服务：概念、方法与进展[J]. 地理科学进展，33(4)：441-446.

龚建周，蒋超，胡月明，等，2020. 珠三角基塘系统研究回顾及展望[J]. 地理科学进展，39(7)：1236-1246.

巩杰，马学成，张玲玲，等，2018. 基于 InVEST 模型的甘肃白龙江流域生境质量时空分异[J]. 水土保持研究，25(3)：191-196.

广东省人民政府办公厅，2014. 广东省人民政府办公厅关于印发珠江三角洲地区生态安全体系一体化规划(2014—2020 年)的通知[Z]. 广州：广东省人民政府公报. [2023-02-15]. https://www.gd.gov.cn/gkmlpt/

content/0/143/post_143525. html#7.

广东省水利厅,2006. 广东省水资源公报[R]. 广州:广东省水利厅. [2023-02-19]. http://slt.gd.gov.cn/szygb2005/index.html.

广东省水利厅,2011. 广东省水资源公报[R]. 广州:广东省水利厅. [2023-02-19]. http://slt.gd.gov.cn/szygb2010/index.html.

广东省水利厅,2019. 广东省水资源公报[R]. 广州:广东省水利厅. [2023-02-19]. http://slt.gd.gov.cn/szygb2018/index.html.

郭朝琼,徐昔保,舒强,2020. 生态系统服务供需评估方法研究进展[J]. 生态学杂志,39(6):2086-2096.

郭伟,2012. 北京地区生态系统服务价值遥感估算与景观格局优化预测[D]. 北京:北京林业大学.

国常宁,杨建州,冯祥锦,2013. 基于边际机会成本的森林环境资源价值评估研究——以森林生物多样性为例[J]. 生态经济(5):61-65+70.

后立胜,蔡运龙,2004. 土地利用/覆被变化研究的实质分析与进展评述[J]. 地理科学进展(6):96-104.

胡和兵,刘红玉,郝敬锋,等,2011. 流域景观结构的城市化影响与生态风险评价[J]. 生态学报,31(12):3432-3440.

黄从红,杨军,张文娟,2013. 生态系统服务功能评估模型研究进展[J]. 生态学杂志,32(12):3360-3367.

姜春,吴志峰,程炯,等,2016. 广东省土地覆盖变化对植被净初级生产力的影响分析[J]. 自然资源学报,31(6):961-972.

李敏,2016. 基于InVEST模型的生态系统服务功能评价研究[D]. 北京:北京林业大学.

李书娟,曾辉,2004. 快速城市化地区建设用地沿城市化梯度的扩张特征—以南昌地区为例[J]. 生态学报(1):55-62.

李婷,李晶,王彦泽,等,2017. 关中-天水经济区生态系统固碳服务空间流动及格局优化[J]. 中国农业科学,50(20):3953-3969.

李曦彤,马晶,袁浩,2019. 基于GeoSOS-FLUS平台的吉林市城市扩展研究[J]. 长春工程学院学报(自然科学版),20(3):47-51.

林媚珍,冯荣光,纪少婷,2014. 中山市基塘农业模式演变及景观格局分析[J]. 广东农业科学,41(24):184-189,197,237.

林沛锋,郑荣宝,洪晓,等,2019. 基于FLUS模型的土地利用空间布局多情景模拟研究—以广州市花都区为例[J]. 国土与自然资源研究(2):7-13.

刘春芳,王川,刘立程,2018. 三大自然区过渡带生境质量时空差异及形成机制——以榆中县为例[J]. 地理研究,37(2):419-432.

刘春芳,王韦婷,刘立程,等,2020. 西北地区县域生态系统服务的供需匹配——以甘肃古浪县为例[J]. 自然资源学报,35(9):2177-2190.

刘贵利,江河,2021. 坚持保护优先护航“三区”高质量发展[J]. 环境保护,49(Z1):70-75.

刘汉仪,林媚珍,周汝波,等,2021. 基于InVEST模型的粤港澳大湾区生境质量时空演变分析[J]. 生态科学,40(3):82-91.

刘立程,刘春芳,王川,等,2019. 黄土丘陵区生态系统服务供需匹配研究——以兰州市为例[J]. 地理学报,74(9):1921-1937.

刘洋,张军,周冬梅,等,2021. 基于InVEST模型的疏勒河流域碳储量时空变化研究[J]. 生态学报,41(10):4052-4065.

罗艳,王春林,2009. 基于MODIS NDVI的广东省陆地生态系统净初级生产力估算[J]. 生态环境学报,18(4):1467-1471.

马琳,刘浩,彭建,等,2017. 生态系统服务供给和需求研究进展[J]. 地理学报,72(7):1277-1289.

南丛,2009. 基于RS和GIS的县域生态功能区划方法研究[D]. 西安:西北大学.

欧阳志云,王桥,郑华,等,2014. 全国生态环境十年变化(2000—2010年)遥感调查评估[J]. 中国科学院院刊,29(4):462-466.

欧阳志云,赵同谦,王效科,等,2004. 水生态服务功能分析及其间接价值评价[J]. 生态学报(10):2091-2099.

潘竟虎,李真,2017. 干旱内陆河流域生态系统服务空间权衡与协同作用分析[J]. 农业工程学报,33(17):280-289.

彭建,李慧蕾,刘焱序,等,2018. 雄安新区生态安全格局识别与优化策略[J]. 地理学报,73(4):701-710.

朴世龙,方精云,郭庆华,2001. 利用CASA模型估算我国植被净第一性生产力[J]. 植物生态学报(5):603-608,644.

钱彩云,巩杰,张金茜,等,2018. 甘肃白龙江流域生态系统服务变化及权衡与协同关系[J]. 地理学报,73(5):868-879.

孙英君,王劲峰,柏延臣,2004. 地统计学方法进展研究[J]. 地球科学进展(2):268-274.

唐华俊,吴文斌,杨鹏,等,2009. 土地利用/土地覆被变化(LUCC)模型研究进展[J]. 地理学报,64(4):456-468.

涂华,刘翠杰,2014. 标准煤 CO_2 排放的计算[J]. 煤质技术,29(2):57-60.

王蓓,赵军,胡秀芳,2016. 基于InVEST模型的黑河流域生态系统服务空间格局分析[J]. 生态学杂志,35(10):2783-2792.

王秀兰,2000. 土地利用/土地覆盖变化中的人口因素分析[J]. 资源科学(3):39-42.

吴剑,陈鹏,文超祥,等,2014. 基于探索性空间数据分析的海坛岛土地利用生态风险评价[J]. 应用生态学报,25(7):2056-2062.

吴健生,曹祺文,石淑芹,等,2015. 基于土地利用变化的京津冀生境质量时空演变[J]. 应用生态学报,26(11):3457-3466.

萧炜鹏,龚建周,魏秀国,2019. 1980—2015年中山市基塘景观时空变化及驱动因素[J]. 生态科学,38(6):64-73.

谢高地,鲁春霞,成升魁,2001. 全球生态系统服务价值评估研究进展[J]. 资源科学(6):5-9.

谢高地,鲁春霞,冷允法,等,2003. 青藏高原生态资产的价值评估[J]. 自然资源学报(2):189-196.

谢高地,甄霖,鲁春霞,等,2008. 一个基于专家知识的生态系统服务价值化方法[J]. 自然资源学报(5):911-919.

谢花林,2008. 基于景观结构和空间统计学的区域生态风险分析[J]. 生态学报(10):5020-5026.

谢余初,巩杰,张素欣,等,2018. 基于遥感和InVEST模型的白龙江流域景观生物多样性时空格局研究[J]. 地理科学,38(6):979-986.

徐丽芬,许学工,卢亚灵,等,2010. 基于自然灾害的北京幅综合生态风险评价[J]. 生态环境学报,19(11):2607-2612.

严岩,朱捷缘,吴钢,等,2017. 生态系统服务需求、供给和消费研究进展[J]. 生态学报,37(8):2489-2496.

杨天荣,匡文慧,刘卫东,等,2017. 基于生态安全格局的关中城市群生态空间结构优化布局[J]. 地理研究,36(3):441-452.

叶长盛,冯艳芬,2013. 基于土地利用变化的珠江三角洲生态风险评价[J]. 农业工程学报,29(19):224-232,294.

余玉洋,李晶,周自翔,等,2020. 基于多尺度秦巴山区生态系统服务权衡协同关系的表达[J]. 生态学报,40(16):5465-5477.

喻锋,李晓兵,王宏,等,2006. 皇甫川流域土地利用变化与生态安全评价[J]. 地理学报(6):645-653.

曾辉,江子瀛,2000. 深圳市龙华地区快速城市化过程中的景观结构研究——城市建设用地结构及异质性特征分析[J]. 应用生态学报(4):567-572.

曾杰,李江风,姚小薇,2014. 武汉城市圈生态系统服务价值时空变化特征[J]. 应用生态学报,25(3):883-891.

张梦迪,张芬,李雄,2020. 基于 InVEST 模型的生境质量评价——以北京市通州区为例[J]. 风景园林,27(6):95-99.

张斯屿,白晓永,王世杰,等,2014. 基于 InVEST 模型的典型石漠化地区生态系统服务评估——以晴隆县为例[J]. 地球环境学报,5(5):328-338.

张文华,2016. 基于 InVEST 模型的锡林郭勒草原土地利用/土地覆被变化与生态系统服务研究[D]. 呼和浩特:内蒙古大学.

张学儒,周杰,李梦梅,2020. 基于土地利用格局重建的区域生境质量时空变化分析[J]. 地理学报,75(1):160-178.

张铁秀,2011. 广州市土地生态系统服务价值分析与评价[D]. 广州:广州大学.

张仲英,黄镇国,李平日,等,1983. 珠江三角洲的范围[J]. 热带地理(1):35-40,26.

赵宝苹,2011. 基于遥感的赣江上游流域生态功能价值变化及生态功能区划研究[D]. 南昌:江西农业大学.

赵景柱,肖寒,吴刚,2000. 生态系统服务的物质量与价值量评价方法的比较分析[J]. 应用生态学报(2):290-292.

赵军,杨凯,2007. 生态系统服务价值评估研究进展[J]. 生态学报(1):346-356.

赵岩洁,李阳兵,邵景安,2013. 基于土地利用变化的三峡库区小流域生态风险评价——以草堂溪为例[J]. 自然资源学报,28(6):944-956.

钟功甫,1958. 珠江三角洲的"桑基焦塘"与"蔗基鱼塘"[J]. 地理学报(3):257-274.

钟功甫,邓汉增,王增骐,等,1987. 珠江三角洲基塘系统研究[M]. 北京:科学出版社.

钟亮,林媚珍,周汝波,2020. 基于 InVEST 模型的佛山市生态系统服务空间格局分析[J]. 生态科学,39(5):16-25.

周婷,蒙吉军,2009. 区域生态风险评价方法研究进展[J]. 生态学杂志,28(4):762-767.

朱会义,李秀彬,何书金,等,2001. 环渤海地区土地利用的时空变化分析[J]. 地理学报(3):253-260.

朱文泉,潘耀忠,张锦水,2007. 中国陆地植被净初级生产力遥感估算[J]. 植物生态学报(3):413-424.

BAGSTAD K J,SEMMENS D J,WINTHROP R,et al,2012. Ecosystem services valuation to support decision-making on public lands—A case study of the San Pedro River watershed,Arizona[R]. U. S. Geological Survey:105.

BAGSTAD K J,SEMMENS D J,WAAGES,et al,2013. A comparative assessment of decision-support tools for ecosystem services quantification and valuation[J]. Ecosystem Services,5:27-39.

CARDOSO DE MENDONÇA M J,SACHSIDA A,LOUREIROP R A,2003. A study on the valuing of biodiversity:the case of three endangered species in Brazil[J]. Ecological Economics,46(1):9-18.

CHEN X,LI F,LI X,et al,2019. Evaluating and mapping water supply and demand for sustainable urban ecosystem management in Shenzhen,China[J]. Journal of Cleaner Production,251:119754.

COSTANZA R,D'ARGE R,DE GROOT R,et al,1997. The value of the world's ecosystem services and natural capital[J]. Nature,387(6630):253-260.

DAILY G C,1997. Nature's Services:Societal Dependence on Natural Ecosystems[M]. Washington,DC:Island Press.

DI SABATINO A,COSCIEME L,VIGNINIP,et al,2013. Scale and ecological dependence of ecosystem services evaluation:Spatial extension and economic value of freshwater ecosystems in Italy[J]. Ecological Indicators,32:259-263.

FISHER B,TURNER R K,BURGESS N D,et al,2011. Measuring,modeling and mapping ecosystem services in the Eastern Arc Mountains of Tanzania[J]. Progress in Physical Geography:Earth and Environment,35(5):595-611.

FOLEY J A,DEFRIES R,ASNERG P,et al,2005. Global consequences of land use[J]. Science,309(5734):

570-574.

GETIS A, ORD J K, 1992. The analysis of spatial association by use of distance statistics[J]. Geographical Analysis, 24(3): 189-206.

GOLDSTEIN J H, CALDARONE G, DUARTE T K, et al, 2012. Integrating ecosystem-service tradeoffs into land-use decisions[J]. Proceedings of the National Academy of Sciences, 109(19): 7565-7570.

JAKOBSSON K M, DRAGUNA K, 1996. Contingent Valuation and Endangered Species: Methodological Issues and Applications[M]. Books: Edward Elgar Publishing.

MILLENNIUM ECOSYSTEM ASSESSMENT, 2005. Ecosystem and Human Well-Being: Synthesis [M]. Washington D C: Island Press.

NELSON E, MENDOZA G, REGETZ J, et al, 2009. Modeling multiple ecosystem services, biodiversity conservation, commodity production, and tradeoffs at landscape scales[J]. Frontiers in Ecology and the Environment, 7(1): 4-11.

NEMEC K T, RAUDSEPP-HEARNEC, 2013. The use of geographic information systems to map and assess ecosystem services[J]. Biodiversity and Conservation, 22(1): 1-15.

PALOMO I, MARTÍN-LÓPEZ B, POTSCHIN M, et al, 2013. National Parks, buffer zones and surrounding lands: Mapping ecosystem service flows[J]. Ecosystem Services, 4: 104-116.

PIELKE R A, 2005. Land use and climate change[J]. Science, 310(5754): 1625-1626.

SHARPLEY A N, WILLIAMS J R, 1990. EPIC—Erosion Productivity Impact Calculator: 1. Model Documentation[M]. USDA Technical Bulletin.

SHERROUSE B C, SEMMENSD J, 2015. Social values for ecosystem services, version 3.0 (SoIVES 3.0)—Documentation and user manual[R]. U. S. Geological Survey. 65.

TALLIS H, RICKETTS T, 2011. InVEST 1.0 Beta User's Guide: Integrated Valuation of Ecosystem Services and Tradeoffs[M]. Stanford: The Natural Capital Project.

VILLA F, CERONI M, BAGSTADK, et al, 2009. ARIES (Artificial Intelligence for Ecosystem Services): A New Tool for Ecosystem Services Assessment, Planning, and Valuation[C]//Proceedings of the 11th Annual BIOECON Conference on Economic Instruments to Enhance the Conservation and Sustainable Use of Biodiversity. Venice, Italy: CentroCulturale Don OrioneArtigianelli.

WANG J, ZHAI T, LIN Y, et al, 2019. Spatial imbalance and changes in supply and demand of ecosystem services in China[J]. Science of The Total Environment, 657: 781-791.

WHITTAKER R H, LIKENS G E, 1973. Primary production: The biosphere and man[J]. Human Ecology, 1(4): 357-369.

WISCHMEIER W H, SMITH D D, 1978. Predicting Rainfall Erosion Losses. A Guide to Conservation Planning[M]. USDA Agriculture Handbook.

ZHOU R, LIN M, GONG J, et al, 2019. Spatiotemporal heterogeneity and influencing mechanism of ecosystem services in the Pearl River Delta from the perspective of LUCC[J]. Journal of Geographical Sciences, 29(5): 831-845.